賢人君子
潛居抱道
以待其時
時至而行
得機而動

永雲

钟永圣国学大讲堂

素書通解

钟永圣◎著

新华出版社

图书在版编目（CIP）数据

素书通解 / 钟永圣著. —北京：新华出版社，2018.3（2023.11重印）

ISBN 978-7-5166-3946-7

Ⅰ. ①素… Ⅱ. ①钟… Ⅲ. ①个人—修养—中国—古代②《素书》-通俗读物
Ⅳ. ①B825-49

中国版本图书馆CIP数据核字（2018）第057906号

素书通解

作　　者： 钟永圣

责任编辑： 徐　光　　**书名题字：** 韩　敏
插图作者： 潜　心　　**责任印制：** 廖成华
封面设计： 李尘工作室

出版发行： 新华出版社
地　　址： 北京市石景山区京原路 8 号　　**邮　　编：** 100040
网　　址： http：//www.xinhuapub.com
经　　销： 新华书店
新华出版社天猫旗舰店、京东旗舰店及各大网店
购书热线： 010-63077122　　**中国新闻书店购书热线：** 010-63072012

照　　排： 李尘工作室
印　　刷： 三河市君旺印务有限公司

成品尺寸： 170mm×240mm
印　　张： 17.25　　**字　　数：** 197千字
版　　次： 2018年8月第一版　　**印　　次：** 2023年11月第三次印刷

书　　号： ISBN 978-7-5166-3946-7
定　　价： 68.00元

素心素行　洁净利世

——《素书通解》自序

《素书》的知名度，在中华文化典籍中，远远不如《论语》、《孟子》、《大学》和《中庸》。即使是在道家典籍中，也不如《道德经》和《庄子》。但是在“谋士”、“军师”当中，却被一部分人看作“中华谋略第一书”，颇带神秘色彩，似乎一读此书，真的就可以在旦夕之间变得绝顶聪明，“为帝者师”。

考察其中原因，我想和两件事情有关，一是张良的声誉；二是《素书》的来源。张良为韩国人，祖上五世相韩，所以秦国灭韩之后，张良“弟死不葬，悉以家财，求客刺秦王”，失败之后，亡命天涯。得黄石公传授秘法，脱胎换骨，由有勇无谋的刺客遂成为足智多谋的军师。死后五百年，有盗墓者于张良枕下发现《素书》，并附有秘戒警告，此书不能传给不道、不神、不圣、不贤的人，否则必受其殃。于是，世传此书就是黄石公传给张良的秘籍，拥趸众多，因为当初黄石公告诉张良“读此可以为帝王者师”。

但是，老人口中的“此”真的就是《素书》吗？《史记·留侯世家第二十五》记载，圯上老人黄石公传给张良的“一编书”，“乃太公兵法也”，并非《素书》；而且，在张良墓中枕下所发现的《素书》，张良并未说明这就是当年黄石公传给他的秘宝！所以，我推断：如果不是由于盗墓者不读书，不读史书，不读经书，导致移花接木、张冠李戴，把《素书》当作张良从高人那里得来的秘传，就是有意隐瞒真相。为什么呢？因为根据我的研究，《素书》的内容虽然宝贵，但是还不足以成就日后的张良。

据《汉书・高帝纪第一下》记载，汉高祖十二年（公元前195年）冬十月，刘邦下诏说，吴国是历史悠久的诸侯国（吴，古之建国也），最近这些年荆王兼并了吴地进行管辖（日者荆王兼有其地），现在荆王死了，又没有继承者（今死无后），我想重新立吴王，大家议一议，看看谁行（朕欲复立吴王，其议可者）。以长沙王为首的群臣就说刘濞行（长沙王臣等言："沛侯刘濞重厚，请立为吴王"）。立为吴王的典礼结束后，刘邦特地召见刘濞说，你的言行举止透露出来的作派有造反的可能，抚着刘濞的后背说，汉兴五十年后，东南有造反作乱的，难道就是你吗？可是毕竟这天下是刘姓一家的，你可千万别造反啊！刘濞赶紧低头说，我怎敢造反（已拜，上召谓濞曰："汝状有反相。"因拊其背，曰："汉后五十年东南有乱，岂汝邪？然天下同姓一家，汝慎毋反。"濞顿首曰："不敢"）。后来的史实是，汉景帝前元三年正月，即公元前154年，距离刘邦警告刘濞不要造反41年后，吴王刘濞联合楚、赵等六地之王，打着"诛晁错，清君侧"的口号，发动叛乱。汉景帝派太尉周亚夫率军平叛，三月，刘濞被杀，其他造反诸王要么自杀，要么被杀。

史书读到这里，震惊之余，我不禁产生了一个疑问：刘邦何以预知半个世纪以后的东南叛乱？刘邦固然是一世雄长，白手起家开创大汉，但是史书从未记载他本人有预知之能。可见，一定是另有高人指点。我们能够知道的，他身边可能具有这种本事的人，要么是"商山四皓”，要么是日后封留侯的张良。而史书明确记载，“商山四皓”讨厌刘邦对人吆五喝六、颐指气使的性格，并未为刘邦所用，而是在后来，出于安定天下局势、避免动荡的考虑，才在吕后的至诚恳求下，同意出山辅佐他的儿子孝惠帝刘盈。其中原委，大费周章。当初刘邦宠幸戚夫人，在戚夫人哭哭啼啼的枕边风的吹迫之下，动了改立太子的心思，打算以戚夫人生的儿子赵王如意，代替吕后生的儿子嫡长子刘盈。这在任何朝代，都是可能引发血雨腥风的大事。危急之时，吕后“跪求”张良问计，张良说，天子为汉王时就钦慕“商山四皓”，如果您能请动他们四位高人，作为太子的辅佐老师，一定可以打消天子另立太子的想法，保住太子的皇位继承权。吕后依照张良的指示办理，礼数周全，重金相赠，恳切祈请，痛陈利害，打动了商山四皓，出山为太子辅佐。此举奏效，刘邦在宴饮时突然见到这四位高人站到了太子身后，知道太子羽翼已成，再不提另立太子之事。

可见，刘邦一家，但凡不知所措之事，必定问计张良。刘邦既然亲历秦朝二世而斩，不能不预想身后事，不能不请教张良，情之所至，理有固然。而张良不能不“知无不言，言无不尽”。汉高祖六年，公元前201年5月，在论及何以得天下时，刘邦自己亲口说出有赖于张良、萧何和韩信，张良以“运筹帷幄之中，决胜千里之外”在汉初三杰中排第一位。所以，在虑及将来之时，张良为汉高祖推演身后事，是大概率事件。在我学习《奇门遁甲》时，发现传承这门“神秘”学问的，有三个人被提及：张良、诸葛亮和刘伯温。而这三个人在历史上几乎是同一个身份：军师兼帝师；在世人的印象中几乎是同一种表现：神机妙算、高深莫测。显然，张良的“道家”传承，并非仅仅《素书》这么简单。或者说，仅仅凭借《素书》的内容，不足以让人神机妙算、推知未来，不足以让张良成为帝王之师。

我因此推测《素书》可能是张良的一个“障眼法”，并非是其“看家本领”。史书说黄石公传张良的书是“《太公兵法》”，名字并非《素书》，这一细节不能忽略。司马迁的《史记》写得惟妙惟肖，但是司马迁不是当事人，不是目击者，由于夜半无人，黄石公到底传了张良什么法宝，第三人无从知晓，只能听张良自己的述说。张良会把“天机”泄露给大众吗？人人成为张良，还会有张良吗？磕头再加万两黄金都求不来的“道法”，张良会以如此草率的方式公之于众？既然能够非常准确地告知汉高祖“汉后五十年东南有乱”，难道张良不知道自己身后500年被人盗墓？以张良的修为，如果不能预见500年后有人挖其坟墓，则张良并非张良。既然墓室的枕头下有“秘诫”，就说明张良早就知道有人挖墓！否则，那些秘诫写给谁看？难道古人会把“真经”传给一个盗墓（不道、不德、不仁、不义、不圣、不贤）之人？是以张良可能使用了“调包计”——假传一卷书。如果不能避免自己的坟墓被盗，但是可以避免正法传非其人。如果真的按照《素书》所言，谦卑自守，立身行道，也确实可以“理身、理家、理国”，并非虚言，更不会害人。在没有证实真相之前，我们仍然以诚敬的心情，用心学习这部叫作《素书》的著作，它的主旨教人向善、识人断事并没有错。

这仅仅是我个人的猜测，真相尚有待于将来的历史证明。《道德经》中说“国之利器不可示于人”，我把这些怀疑说出来，和把“女娲炼石补天”等上古神话隐含的道家修行秘密说出来（见拙著《中华经典十二部浅说》）一样，是为了给当世的炎黄子孙以文化信心，中华文化不像表面看到的那样简单，她是天人合一的文明，高不可攀，深不可测，妙不可言，不可小觑，不可蔑视，不可妄自菲薄。唯有德者得之，不可投机取巧以得之。

素者，无染也。自古以来，人们称《易经》的智慧为“洁净精微”，“素书”的名称大有此意。根据天人合一观，心净则一切洁净，是身心健康、家庭和谐、事业发展、人生幸福的根本深因。而“心”藏之道理，是中华文化贯通道、儒、释、医、武各家的核心。因此，本书中论及人的五藏，没有使用目前中文简化后的“五脏”，而是使用能够反映中华传统文化原意的“五藏”，希望读者不要以为是错别字。

祝愿每一个学习《素书》的人努力完善自我，素心素行，洁净利世，全心全意为人民服务，做一个顶天立地、光明磊落的人。

钟永圣

黄帝纪年四七五一年冬至

中国善财书院九绿金顶轩

目录

第一讲

《素书》是在中国谋略史上鼎鼎大名的著作，被重新挖掘出来的时候就有警告，此书不能传给不道、不圣、不贤的人，所以，能见到这本著作的人需要有很好、很厚的德行，而每一个学习《素书》的人也应该努力完善自我，全心全意为人民服务，做一个顶天立地、光明磊落的人。

第二讲

我们要清楚，中华五千年的历史，是从司马迁《史记·五帝本纪》中记载的黄帝开始的，而在黄帝之前还有八代神农氏，再往前十九代，天子是伏羲，伏羲画卦开启了我们这一次的中华文明；中华文化有一个从伏羲画卦就开始的心学传统，与文字无关；天心是纯净的，如果人心纯净则力量无穷，所以，学习《素书》的作用，首先是纯净我们的内心。

第三讲

本讲主要讲解《素书》第一章道德仁义礼，作者提醒我们要走正确的、光明的大道；积累自己的德行，因为一切所得都是自己内在德行的变现；怀有一颗仁心，遵守礼数，尽自己应尽之义。

第四讲

作者通过《诗经》、《易经》、《管子》中关于“礼”的讲述，让我们懂得明理是根本，然后积德才能物化，进而知礼；贤人是不争的人，是懂得正确道路、成功道路的人；《素书》的学习，珍惜国内的安全环境，树立文化的自信，建设好我们的国家。

第五讲

我们要善于等待时机，等到天时运转到那个时刻，顺势而为，自然而为；时机不到，慢慢涵养。本文进入“正道章第二”的讲解，重点讲述三种英雄人物：人之俊、人之豪、人之杰，作者强调中华文化是知行合一的文化，要努力践行，做不到，说得天花乱坠也是假的。

第六讲

本讲重点讲解“求人之志章第三”，作者提醒我们要做一番事业，就要心无所染，防患于未然，认识到酒色的危害，在人生的道路上做出正确的选择。《素书》教我们做好事，以善心去理解别人，同时《素书》的智慧也教会我们认清国际形势，更好地保家卫国。

第七讲

如果一个人的福德不够，可能经典的名字都听不到，更不要说学习，这就是世人命运千差万别的根本原因之一。学习经典、积累福德就是涵养我们的心灵；作者一再提醒我们要内求，不要外怨，志心笃行，忍辱修德，成就自我。

第八讲

苦来自哪里？一个人过于悲伤会怎样？老人过于担心晚辈为什么不好？疾病从哪里来？什么是“无常”病？拿了不该拿的东西会怎样？自恃的人会有什么样的结果……对于人生中这一系列不好的方面，作者一一为我们答疑解惑，阐明诸多道理。

第九讲

“书读百遍，其义自现”的前提是心里干净、诚敬，才会有豁然贯通的感觉；作者通过历史故事告诉我们，祸从口出，说话一定要当心；本讲更多的是告诫管理者在下命令、授以官位、用人以及对下属的态度等方面需要注意的地方，要严以律己、宽以待人。

第十讲

《素书》的重点在第一章，第一章是整个《素书》的基础，后面五章道理都很简单。作者在本讲将部分“遵义章第五”和“安礼章第六”全部讲完，其中提到汉文帝的遗诏，感人至深；又通过几组人物寿命的对比让我们明白，必须到中华文化的源头去寻求真东西。

第一讲

《素书》是在中国谋略史上鼎鼎大名的著作，被重新挖掘出来的时候就有警告，此书不能传给不道、不圣、不贤的人，所以，能见到这本著作的人需要有很好、很厚的德行，而每一个学习《素书》的人也应该努力完善自我，全心全意为人民服务，做一个顶天立地、光明磊落的人。

尊敬的各位同胞、各位同仁：

大家上午好！

我们现在学习秦末道家隐士黄石公传给张良的《素书》，这是一本在中国谋略史上鼎鼎大名的著作。学习这样一本著作，需要有很好很好的、很厚很厚的德行。

张良心诚得《素书》

如实跟大家报告，为了讲《素书》，两年前我就发出了心愿，相关的部门、机构、组织也做了准备，但是缘分都没有成熟。最初是大连的一家国有银行计划要在星海湾的私人银行中心来讲，等了很长时间，机缘没有成熟；去年是要在北京某个学会讲，都已经发公告了，有学员已经报名了，机缘也没有成熟。所以我就想起《素书》被重新挖掘出来的秘诫，相当于警告，就是这个书不能传给不道、不圣、不贤的人，慢慢地我自己也就理解了这个因缘。在中国的传统历史上有一些珍贵的、宝贵的东西，如果人的福德差一点儿，那么根本就听不到、得不到。所以最后我也服气了，我说那就看《素书》最终能落到哪一个地方讲。

昨天晚上我还想当年张良的经历，在博浪沙和人要刺杀秦始皇没成功，亡命天涯。后来在下坯圯上遇到一个老人，老人把鞋子扔到桥下，让他去捡，张良就很惊讶。我读书有一个习惯，就是经常会置换，设身处地地想：如果我是张良，突然碰上一位老者把鞋子一踢，扔下桥去，说“你给我捡起来”，我会不会去捡？说实话，很可能我不会去捡。但是当时的张良就去捡了，然后老人就觉得“孺子可教”（这是一句成语了，出处就是从这儿来的），告诉他三天以后到这里来，结果张良到的时候呢，老人已经在桥上了。老人就训斥他，你跟老人约会怎么还能迟到呢？再来！第二天张良又起早，到了以后，还是老人已经先在那里了，仍然没教他。第三次再来，张良干脆半夜就等在那里，不一会儿老人就到了，实际上就是考察他心诚不诚。找一个诚心的弟子、老实的弟子、肯听话的弟子，现在几乎万中无一，古代也不容易。既然孺子可教，又“事不过三”，那么老人就传给他一本书，就是我们今天要学习的《素书》。不过我对此存有疑虑，就是史书原文记载黄石公传给张良的是《太公兵法》，并不叫《素书》。是否另有隐情，目前尚不得知，仍在探求当中。

在古代，至少在张良的那个时候，还没有我们今天所谓的纸，更没有什么U盘，那个时候一千多字足以成为一册，或者叫竹简的一“卷”，是很标准的“书”，大家要理解。我们今天别说是一千多字，一百万字拷在一个U盘里面，也占不了多大的空间，可是在古代是一部书的分量。这部书里面所蕴含的智慧心法，是中国上古道家修身、齐家和治国的精华，传下来非常不容易，因而也特别珍贵，我们要珍惜学习《素书》的机会。

学习《素书》的福德因缘

我们首先看一下，什么样的人有这个福德因缘能够得到、学习这部书？

第一点，祖上有德，是福人。在座的每一位全都祖上有德，没有一个差的，差一点儿的话，你进不来这间屋，没有机缘。也不是说来不了的人家祖上没德，而是就这一块因缘来讲，当下你就进不来，不是有事请假，就是其他的牵挂羁绊，总之，坐不进来。

第二点，现世积德，是好人。你本人在祖上有德的基础之上，现世一定还积了德，所谓人们眼中的一个好人，才有这个机缘，也是属于“孺子可教”。

第三点，诚意正心，是贤人。不管你是福人也好，好人也罢，意不诚，心不正，不是贤人来不了，来了也学不到，就是我们一起讲两天，你也学不到里面的东西。你说我能背下来，对不起，能背下来的东西多了，不意味着我们就真的掌握了。我们现在打开一个录音机，让它播多少遍就播多少遍，那录音机能解决事实上的问题吗？不能。还是需要靠人落实出来，才解决问题。

第四点，善根具足，是善人。不具足的话，你想轻易地承接智慧之果，哪有这个道理？

第五点，道心成熟，是道人。什么是道心？尧传舜，舜传禹，传天子位的时候，还传了中华文化的心法，“人心唯危，道心唯微，唯精唯一，允执其中。”如果有人问你中华文化的心法，你自己没悟到，但是想显摆一下自己知道得多，你就可以把这十六个字背给他听，因为是公认的中华文化心法。但是要想体会到这十六个字，那很不容易。

第六点，明通阴阳，是神人。“神”字，一个是示补旁，表示揭示出来一个道理，这个道理是什么样的道理呢？通达天、地、人。所以“申”呢，是表示通达天地。天地代表阴阳，我们能见到的最大的两个卦，乾卦和坤卦，代表天，代表地；代表父，代表母。所以能够明通阴阳的人，我们称为“神”人。不是“神道道”的那种神，他是能够把天、地、人的道理贯通地体悟，然后讲给大家。而且能够料事如神，这没有什么可神秘的，是因为他知道规律了，把你看透了，看到骨子里，所以可以事先断定你往哪里走。就像有人举例子，《三国演义》里说诸葛亮料事如神，曹操的阵营当中有个叫郭嘉的料事如神，可以预先来断定事物发展的结局。他们怎么做到的？所谓上知天文，下知地理，中知人事，就是因为知道了规律。明通阴阳就能做到这一点。

第七点，如理践行，是真人。这是最关键的，要如理践行。我们现在有一种倾向，就是中华优秀传统文化在中央领导的大力提倡之下，在全国人民热衷学习之下，催生了一些所谓传统文化圈的老师。我这些年观察一些老师，想起了南怀瑾先生——海内外都公认的大师——他有一句话就是“活埋人”。什么叫活埋人？鲜花掌声红地毯，就可以把人“活埋”。怎么能够知道这个人活没活埋呢？就是你注意观察，他有一丝傲慢之心，就说明他被埋掉了。真正地了解中国传统文化、经典文化、我们先祖的圣贤文化，没有一个明白人是贡高我慢的、自以为是的、自觉了不起的，没有一个！你发现一个就是假一个。《易经》六十四复卦，只有谦虚的“谦卦”六爻皆吉，这至少在六千四百年以前，“伏羲画卦”的时候，这个道理就已经揭示出来了。我们现在能够明白这个道理，要拜周文王、周公、孔子、历代圣贤所赐，把道理说清楚了。所以如理地践行，做一个真实的人是最关键的。否则的话，你把十三经倒背如流，中华儒、释、道、医、武各家经典倒背如流，还有可能是个假的学者。

王老师（讲座的主请人，研究会会长）告诉我，我们这个班是一个师资班。跟大家讲，做老师的在当下很容易被活埋。我被称作“老师”，是借了我工作单位的光，我不是老师，因为在大学里面，连后勤的师傅都会被叫作“老师”，所以我们都沾光，被人称呼为老师，实际上是不够资格。“师者，天下之帅”，带领天下人走一条大道的，是明道的。所以当老师如果贡高我慢、自以为是，那就教坏了天下人，害人损己。

第八点，舍己为人，是圣人。在做真人的基础之上，还要尽量放大，这就不容易了。“自了汉”多的是，可是能够舍己为人，就超凡入圣。就这一点，你能够把自己施舍了，为天下人服务，为他人服务，这一关一破，离圣贤不远。

第九点，感通十方，是华人。这是我们共同的称呼——华人。无论你是哪一少数民族，没关系，在我们这个中华民族大家庭之内，都叫“华人”。“中华”两个字，在中华文化当中有密意，我把它写到《中华经典十二部浅说》这本书的序言里面，有感兴趣的可以看一下什么是“中华”，或者倒过来念“华中”，也说得通。看历史要看一下“华夏”这两个字从哪里来，明白了她之后，你就知道为什么我们这个文化是世间，或者说是这个星球上，唯一还有传承的古文明，而且是活生生的古文明。我们今天看几千年以前的表达和文章依然朗朗上口，依然能够通过“书读百遍，其义自见”，了解她的真实义。这要感恩我们的天地、父母、祖宗、圣贤。

上面所说，说明大家都很难得，不要轻视了自己，不要小看了自己；但是也别高看自己，要实事求是，在本位上老老实实地真干、真修、真成就。

《素书》是什么书

学习《素书》就是帮我们识人断事的。所以我们简单地介绍一下，它是一本什么书呢？就是黄石公传给张良的书。黄石公不姓黄，姓什么，不知道；道号叫什么，不知道；就是一个老人。也有一种说法，认为黄石公是秦庄襄王的重臣，叫魏辙，因不满秦始皇的暴政，挂印隐居，是否果真如此，不得而知。张良得到传授之后，想要再见他，问怎么能再见，老人就说某年某月某日，你到哪儿哪儿哪儿（指某一个地方），到了那一天，张良去了，也没找到人，就把路边的一块黄石拿回来供奉。所以就把这位老人称呼为“黄石公”，这是真正的道家高人。高人通过传承，把世间的问题解决了，不是为了成名，不是为了捞利，只要解决问题就可以了，隐姓埋名。《了凡四训》里说，“名者，造物之所忌”，在天下捞名，沽名钓誉，念两天《弟子规》就想让别人供养，就要做老师了；穿上个褂子，就想扮演中华优秀传统文化的传承人，就被大众尊称为“大德老师”而不知谦退，那不太危险了吗？

黄石公告诉张良，“读此书可以为帝王者师”，这本书就有这么大的力量、这么高的智慧。但我们还是要提醒大家一句，不要说我读了这本书以后，就可以给领导人当老师了！我的经验就是，至少三年之内把嘴闭上，好好地涵养，把心性智慧养足。古代是要学十年，现在时间快、节奏快，怎么也得涵养三年。就是你慢慢地润，把自己润透，最后那个时机会自然来，你不用去求，不用自己去张罗，这是“天人合一”的道理。给大家看我这本书《素书》，这是第一章第一页，画了得（指在书上做笔记）快把原来的文字都隐没了，而且用塑料胶布粘了好多地方，就是这头一页都快看烂了，看了十几年，慢慢地才有所领悟。

《素书》不长，我们早上花点儿时间，就能朗读一遍。我认为精华就在第一章，第一章没吃透，后面的学会了，非常危险。因为第一章是奠定基础的，没有这个道德根基，知道谋略的人都短寿，甚至还有绝后的，这历史的证明都端给我们了，不要重蹈覆辙。

学习《素书》的效果

我们看张良得到《素书》以后有什么样的学习效果。我们讲学以致用，一本经典学了之后，不能说背给别人听，那好像有点儿用，但用处不大。因为现在我们印刷业发达，记录手段也特别的高效，最关键是活学活用，把经典变成活的精神，指导当下的生活、工作、坐言起行。张良原来是个“刺客”，学习之后变成了“帝师”，也就是天子的老师，更确切地说就是刘邦的老师。由莽夫变成智者，由一个有勇无谋的年轻人，变成了“运筹帷幄之中，决胜千里之外”的“汉初三杰”。你想开国呀，大汉开国，多少将星闪烁。你就想想我们中华人民共和国成立的时候，元帅就十位，大将十位，上将好像多得大家都记不起来，太多了。汉朝在开国的过程当中，举三个人他能居其一，你想有什么样的作用？所以功比萧何与韩信。最关键的，不是说他立了多大功，而是他给自己安排的退场。论功行赏，刘邦让他在齐地选三万户作为封地，封侯嘛，万户侯，食邑万户，可是他不要，选了一个其他人不大愿意要的、土地不是那么丰美、肥厚的留县，谦卑以自处，所以后世叫他“留侯张良”，就是这样来的。这就告诉我们“功成、名遂、身退，天之道”，就是《道德经》这句话，张良是做到了。名出没出？出了；功成没成？也成了；然后谦退，他能退得下来。

现代人有没有？我给大家举一个例子，刘伯承元帅。有没有人记得新中国建立，封了元帅衔之后，刘伯承同志担任了什么样的职务？军校的校长。他没有到中央军委那样被认为是“位高权重”的单位里面去，大家要琢磨这件事情。然后您看一看刘元帅这一生，他的结局是什么样，福寿终老，我现在还能很清楚地记得——那时候我还很小——刘伯承元帅的追悼会由邓小平同志亲自主持。

落实到我们自己身上，应该有什么样的效果呢？学以致用。经典不是讲大道理忽悠别人去做，是由我们自己来做的。你估量一下自己，在德行上是什么样子；在智谋上是什么样子；生活当中的困局，能不能很好地处理；能不能不人云亦云，就是社会上通行的看法、标准是不是制约了你。我认为起码要做到这一点，就是成为一个智人，有智慧的人，你的头脑不再被书本限制，不再被社会统一的标准束缚。这不意味着我们始终是处于一种好像怀疑权威、挑战权威、不理国法的状态，那就是听差了，智人、高人都是遵纪守法入乡随俗的。但是呢，面对生活当中的困境，总有合适的转化办法。

重点说的是高人。刚才我们已经强调过了，做老师很容易被活埋，就是你天天都要受这种检验。我体会就是这样，从2012年出版《中国经典经济学》以后，我天天面对这种考验。别人说，讲得不错，你心里是不是沾沾自喜？有没有？别人认为这个书我读了之后很受启发，你有没有扬扬得意？志得意满？有一丝，那就是暗，那就是阴，那就是没学明白，走差路了。高人就是最谦卑的人，高人就是最朴实的人，高人就是最给别人面子的人，高人就是不讲究面子的人。但是高人呢，也不能特立独行，让人一看，你就跟别人不一样，要和光同尘，谦卑就下。后面我们会学到“恭俭谦约，所以自守”，大家念过这么多遍以后，一定会明白什么是恭、什么是俭、什么是谦、什么是约。如果别人一句夸奖，自己心念真的就着在上面，那就说明还没悟，还没过关，就被吊上了，那吊上会被吊死的，甚至有一天不知道怎么死的。所谓明白人，重要的一点就是“死个明白”嘛，有些人就是不明白自己怎么死的。有上场，也有下场啊；有出生，还有离去；这就是一个很现实的物理过程，大家要考虑清楚。明白了这一点，就是明人。“明”就是一个日，一个月，就是明阴阳嘛，明天地运转规律，明乾坤，为“明”。“知人者智，自知者明”，《道德经》里面老子告诉我们，你知道别人的心理，知道别人的脾气、禀性，知道别人的决策方法、决策路径，这是“智人”。我们这样讲，都是以现实为基础的。比如说，在抗日战争期间，我们抵御外辱的时候，要想取得胜利，就要了解对方的情报信息，包括非常重要的一点，就是领头人的脾气、禀性，这个军事将领什么性格。

我有两本（套）书经常看，配合着经典看，一个是《毛泽东选集》，一个是《刘伯承元帅战例精选》。你看一下，被称为我们党“战神”的刘元帅写的那些报告，战士的安排、采取的策略、事后的总结。其中很重要的一条就是跟对方对阵的时候，对方那个领导人什么脾气、禀性，“知己知彼，百战不殆”。

所以我们学习《素书》就是要学到活生生的经典，而不是仅仅把它背诵下来。我们的目的，喊一个口号，叫“消灭”书呆子。不能仅仅就是我会背了，以为就掌握了，那完全错误！做到什么情况呢？就是经典和你真实的人合一；以后你在恰当的场合、恰当的地点、面对恰当的对象，能够自然地运用经典；你可以不用原话，但是用得很准确，就可以说是“人经合一”，自性流露，我们就不再仅仅是一个纸上谈兵的人，不再仅仅是“掉书袋”的人。书呆子的害处不用说，大家也都很清楚，孟子有一句名言，“尽信书不如无书”，书中道理如果学不活，那是极其惨痛的教训。

公元前260年，大家还记不记得发生了什么事情？秦国跟赵国之间的长平之战。惨痛的结果是什么？四十万赵军被活埋。能想象吗？四十万活生生的战士，就因为主帅、将领，只会在纸上谈兵法，吃了败仗被活埋了。而他父亲早就知道他这个毛病，但是赵国还是中了秦国的反间计，把真正了解实战的将军撤下，换上了夸夸其谈的赵括，导致亡国啊！这一战等于赵国主要的军事力量被消灭了。惨痛不惨痛？今天，我们依然面临着这样的抉择，尤其是在座的各位，还有做领导的，你选择一个什么样的人，在什么样的岗位上，你要承担领导责任。选错一个人，他做错事造成的损失，对国家、对民族、对社会、对单位的损失，你没有领导的责任吗？为什么现在中央纪委要追究领导责任，要问责，那就是要求各级领导干部要负责。没有智慧，怎么去识人？怎么去断事？很不容易。我们有些时候看历史、看现实，无可奈何地、眼睁睁地看着一个书呆子把大好的时局葬送掉。这个例子今天有，明天还会有，但是我希望我们经过两天的学习以后，在我们自己以后的人生经历当中，尽可能地把它消除。让我们每一个人从文弱的文人，变成一个能文能武、先机决断的中道之人，像孔子那样，文武双全，刚柔相济。

学习《素书》的警告

大家看历史上的记载，我把原文抄录下来，“晋乱，有盗，发子房冢，于玉枕中获此书，凡1336言，上有秘诫：不许传于不道、不圣、不贤之人；若非其人，必受其殃；得人不传，亦受其殃。”

“晋乱”，晋朝的时候战乱，“有盗”，盗墓的，“发子房冢”，张良也很惨，死后500年自己的墓被人掘开，盗墓的人在他头下的玉枕当中获此书，“凡1336言”，也就是说《素书》全文1336字。发现上面有秘诫，此书不许传于不道、不圣、不贤之人；如果传错了，叫“若非其人，必受其殃”，就是我们刚才说的那种用错人的情况，会有连带的责任；“得人不传，亦受其殃”，也就是如果大家是真有福德的人，如果这一次两天的学习没有很好地讲给大家，那也是我的过错。我们共同来温习一下这个警告，就是要反省自己，有没有不符合中道的地方；有没有不符合天、地、人贯通之理的地方；有没有违背圣贤的教诲；打了这个基础以后才能学。

所以，无德不可学《素书》。你掂量一下，如果自己福德不够厚，里面告诉你的可以施展谋略的那些东西，那你还是不用为好。金庸有一句话，说一把刀可以除暴安良，也可以杀人越货，就看谁之为用。《素书》的道理也是这样，“无厚德以用谋，无公心而苟行，无不自损身命”。历史上有两个例子，大家都很熟悉，一个是苏秦，这是很风光的人物；另外一个是陈平，汉初的将军。他自己说，自己这一辈子采取了很多的阴计阴谋，在当世被别人看来很成功，但是他自己知道，会绝后的。绝后很严重啊，尤其是在古代。如果想了解这段历史，大家可以去查一下史书上的详细介绍。

这次来我特地写了一段誓词，我们共同念一下，我念一句，大家念一句，括弧里面，就是宣誓者自念名字，比如说我弟子钟永圣，大家就念自己的名字，好不好？好，开始：

学习《素书》誓词

我弟子钟永圣，始从今日，终其一生，通过《素书》学习先祖圣贤智慧，全面践行中华优秀传统文化；在家孝顺父母长辈，礼敬兄弟姐妹，夫妻和睦，互相爱护，做孩子为人的好榜样；在单位恪尽职守、兢兢业业；尊敬上司，爱护下属，体谅同事；遵纪守法，秋毫无犯；不欺暗室，不犯邪淫；修学好古，实事求是，敢于担当，全心全意为人民服务，做一个顶天立地、光明磊落的人。

非常感恩大家！为什么这么写？我跟大家报告一下我自己的想法。如果是共产党员，大家还都能想起来在党旗之下自己宣誓的誓词。誓言、誓言，你说过了以后不负责，那是对自己身命极大的不尊重。这个道理以前我不懂，什么时候能明白一点儿呢，就是看了季羡林先生写的两篇“天人合一”的论文，在这个论文当中，他引用了钱穆先生去世之前的一篇短文，叫《中华文明对于世界文明应有的贡献》。钱穆，一位活了九十多岁的国学大师，集一生的功力判断，天人合一观就是中华文明对世界文明最大的贡献。我慢慢地琢磨这个概念，也就是我们每一个人面对着天、地、人、事、物，一切环境，谁决定的？我们自己决定的。你是那个人，你就有那样的境遇；你是那个人，你的天、你的地、你的人、你的事、你的物就因你而转。你每一次净化自己的心灵，你的境遇就会向良性的方面迅速地转化。有些人为什么学了很多年，命运始终不能改变？因为他不认真、不当真，所以也就不发生真的变化，你自己欺骗了自己，沽名钓誉就是这样来的。

我经常在学习传统文化的这个领域当中，听人讲谁谁谁能够背诵什么样的经典，然后没有讲他怎么做。那我就想反问一句，唐代有一位杰出的文化大师叫慧能，不识字，怎么解释？唐代呀，我们不但是叫它“将星灿烂”，那也是文人墨客、大师辈出的朝代，只有这么一个人讲的东西被称为“经”，怎么解释？人家不识字，人家不掉书袋，可是你读经读不明白，念一段给他，他随后就解释给你听，听的人还真明白。这怎么解释？所以不在于我们背诵了多少，而是在于我们践行了几个字。一个“孝”字可以治天下，一个“德”字可以治天下，那能不能做到，做到了为真。所以我们从今天开始，你可以把以前的清零，每天都可以清零。从今天开始，立志这一辈子学习中国优秀的传统文化。那优秀的传统文化写在哪里？无非就记载在经典里面，经典里面也不要贪多，有缘接触到哪一本，你就可以在哪一本里面认认真真地学。你说我只喜欢《论语》，没问题。但是你因为只喜欢《论语》，然后排斥《道德经》啊、《黄帝内经》啊，或者《素书》啊，好像不是儒家这样的经典就不正统，那你也没学明白。因为圣贤之间彼此没有隔阂，他们只是为了解决世间人的毛病，从不同的角度、针对不同的时代病症，讲述出来，好像是不同的经典，你悟通了以后，都是涵养我们心性的、最自然的精神财富。所以要全面践行，而不是全面背诵，这一点要理解清楚。

对于我们这个讲堂的学员来说，在家如何做就不需要我讲了（该讲堂以践行家庭伦理道德为主要学习内容），只是提示大家一句，我们的五脏要想健康，您就要反复地叨念张仲景在《伤寒论》序言里面那十六个字，“天布五行，以运万类”，人类是万类之一，没有跑出去，也在这里面，所以人逃不出五行。“人禀五常”，也就是仁义礼智信，“以有五脏”。以前我们就在这个讲堂上讲《黄帝内经》，详细地解释过仁义礼智信这五常和五伦、五脏、五行之间的对应关系。仁义礼智信被称为五常，和五脏是一一对应的关系。而张仲景作为“医圣”，这一句话我认为道破了天机，他把看不见、摸不着的，好像是理论上的伦理——五常嘛——却是生发我们生理上五脏的根本德行基础揭示出来，也就是没有先祖的余德，我们生不出来，要感念我们的祖宗。曾子在《大学》里面说，“君子先慎乎德，有德此有人”，与“医圣”仲景所言有异曲同工之妙。

在单位里面做事要尽心尽力。现在很长一段时间流行“不作为”，做了怕出事儿，以为不做没有事。但是对于一个明理、真正有文化、有担当的人不是这样，你要有智慧地把事情处理好，我们学的就是这一点。不要对上司不敬，哪怕他比你年龄小；不要对上司不敬，哪怕在你眼中她是个“女流之辈”，她能做你的上司，一定有做你上司的福德和理由。如果你觉得不满意，那你好好地学习谦卑、学习忠诚、学习恭敬，那么将来你的下属也会对你恭敬、对你忠诚、对你慈爱。做领导还要爱护下属，他唯你马首是瞻，唯你的命令为方向，你不爱护他，他怎么生活？怎么工作？回家都不安。还有同事之间要互相体谅，要有这样的心胸。“为之君”，就是当好领导；“为之亲”，做他的亲人、同事；“为之师”，教他道理，教清楚如何去做。单位同事之间要互相提醒，遵纪守法，互相补漏。

“秋毫无犯”，这件事情不容易做。但苏轼在《赤壁赋》里面就讲，“且夫天地之间，物各有主”，就是说一分钱、一元钱它都有主，不是你的，千万别生贪念。“苟非吾之所有”，如果不是我所有的，“虽一毫而莫取”。这是对自己最大的保护，这是对天理最大的践行！你说别人看不见，天人合一呀，你知道了，就等于“天”知道了；天知道了，就等于众人知道了；“若想人不知，除非己莫为”，这才是明白人。蒙昧之人就是以为“我在这个讲堂之中做的事情，外面人不知道”，那你想错了；蒙昧之人以为在黑暗当中没有光，别人看不见，那你想错了。为什么想错了？大家想一下，我们的身体，这个肉做的机器，谁操纵的？我们自己。我们自己怎么操纵它？通过思维、思想、念头，对不对？你生一个人的气，别人观察一看，脸红脖子粗，脸气得煞白、气得通红，这是跟人的性情相关的，这个道理我们都明白，不用详细解释，对吧？那么从西医的角度来看，就在当下这一刻，你肯定是各种指标都不正常，比如说血压急剧上升，很多人就是因为一发火，一下子血管爆了，死掉了，殒命。非常非常地严重！那为什么我们自己不能够返回来，反观自己，安安稳稳地解决这件事情呢？要认真地吸取教训。

下面看“不欺暗室”，这一点刚才等于解释一遍了。不要以为别人看不见好像就不知道。历史上有一位是姓杨吧（东汉东莱太守杨震）？有人（冒邑县令王密）给他送礼（杨举荐过王），说“天知地知，你知我知”，别人不知道。他立马就说，既然天知地知，你知我知，怎么还说人不知道？一定会有人知道！我们人类所见的可见光，就那么短短的一个光波，红外、紫外我们看不见，看不见就等于不存在吗？现在的化学告诉我们这个空气里面的构成多么复杂，物理告诉我们每一个原子的空间有多么“巨大”，里面都是一个世界。那还不明白吗？我们自己的身体记录着我们的所思所想，不论是在光明之下还是在暗室之中，它永远记录着你曾经产生的想法，只不过你自己不知道。所以身体是我们自己思维的作品，你有什么样的心念就有什么样的身体。要想身体健康，你就要纯净自己的内心；要想自己的身体不得毛病，你在心念上就要践行五常——仁义礼智信；要想自己不受伤，你就不能跟他起对立之心，他有错误，自然地时候一到，其他人、党纪国法就会去处理。你别跟着沾上，沾上就“沾包赖”，你就逃不了，身体就会出毛病。

所以自己放下，是解放了我们自己，我们应该从此做一个“解放军战士”，解放自己，不要跟自己为难。每一个错误的心念，一定在身体的细胞上留下一个真实的后果。如果一个人的心念是光明的、坦荡的、堂堂正正的，隔一段时间周围的人就会发现他有德相出现；如果他想的全都是私利、邪淫，想办法把别人的东西占为己有，瞒天过海，杀人越货，侵吞公有财产……你看吧，全都写在脸上！大家能明白吗？不知道他具体干了什么，但是如果他的面相别人看起来不是那样的光明，就能感觉到透露出来的这个信息是不对的。以前我们不懂这个道理，现在看一看手机，我就发现这个道理太真切了！手机一旦拨对了号码立即就响，对不对？就沟通了。这个也是一样啊，虽然不知道他背后做了什么事儿，但是你看他的眼神、看他的表情、看他的身形，慢慢地你就会知道，他做错了好多事情。可是如果这个人心里干净、堂堂正正、诚意正心，他的身自然就修。这个是秘密，不过也是公开的秘密。

曾子在《大学》里面有六个字，“德润身，富润屋”，我说后面这三个字大家都知道，但前三个字都忽略了。背都会背，能解释什么叫“德润身”吗？能不能“以经解经”，把它跟张仲景的序言联系起来？我们的五脏是怎么生成的？是因为你践行了五常，或者是说母亲在怀你的时候不缺这五常，所以我们能够全部长全，生出来，这是西晋王叔和《脉经》里面揭示的。在那十个月当中，如果母亲有非常严重地违反五常的行为，对于胎儿来讲，那就是先天疾病的来源，非常惨痛，千万要重视。生能生出来，养不还得靠它吗？你要涵养自己的五脏，就要好好地践行仁义礼智信。所以南怀瑾先生说，五脏不健康你想健康那是不可能的！那是根。五藏嘛，它藏在里面，它表现出来，表在我们这个脸上。

比如说通过额头、印堂看我们的心，左面肝，右面肺，中间看脾胃，下面看肾，全都写在上面。脸不愿意看，就看一个人的眼睛，这我们也跟大家分享过。你中间黑色的那一汪水，天一生水嘛，是肾精的表示，所以对于我们华人来讲它是黑的。那水是由什么克制的呢？土啊，所以你这个瞳孔不散，是有土的功能在制约着你的眼睛，那你回去看一下我们的眼睛，有一圈儿土褐色的结构包围着我们的瞳仁儿，对不对？医生拿手电筒一照，说瞳仁儿散了，那说明这个人的精已经走了。《黄帝内经》告诉我们“生之来谓之精”，有一个场能进来，身体这块肉才能活嘛！肾精它的像散了，就说明它的本质不在了，这是中国古代揭示的，特别的科学。谁克制着土呢？木克土对不对？所以再观察我们的眼睛，在那褐色之外有一层青色的，木属青嘛，有一层青色的，就类似微微发蓝的很薄的一小圈儿。什么时候你看得最清楚呢？就是得黄疸性肝炎的时候。肝属木嘛，肝出了问题，就那本来应该是青蓝色的薄薄的一小圈儿，它就很明显地变成黄色。

那再往外，谁克木？得克制住嘛，要不它不散了嘛！金克木，金在五行当中对应着什么颜色？白色嘛，所以你看我们白眼仁儿，肺属金对不对？控制着全身的皮毛，所以白眼仁儿特别大，它表示整体都控制住了。那谁克制着金呢？火呀，火是什么颜色？红色。所以你看我们白眼仁儿外面，眼皮扒开，眼睛这一圈儿红色的吧？五色、五行、五常、五脏、五伦，全写在这上面。所以你说这人怎么很神？不是神，他是知道规律。你的眼睛某一个圈儿，某一个层次里面出现了一个暗点，证明着什么？你某一脏器里面出了某种东西或者受干扰了。如果变成褐色，说明挺严重了；如果变成紫色、黑色了，那你小心，可能那个东西已经长成了，所谓器质性病变，那要不好好治疗的话，吓也能吓死。这就是规律的作用。

你说别人看不见，那是你以为。所以我跟大家报告，2008年从桂林学回来不敢照镜子，这件事情我经常提。活错了，尽管那时候我读博士都好多年了；也学错了，才知道我们的文化为什么是一个宝库。为什么我们说古代有一些人叫“学究天人之际”？为什么钱穆先生集一生的功力，说天人合一观是中华文明对世界文化最伟大的贡献？就在这里。学完了之后每一个人都是“神人”，每一个人都可以通过外表判断内心，你还觉得有什么可以隐藏的吗？还可以抹化妆品去遮盖吗？人家就不稀说而已。基本上扫一眼，大致上你是不是一个好人人家就已经清楚了。所以每天照镜子的时候不是画皮，不是涂脂抹粉，而是要告诉镜子当中的那个自己，你好好地修！别以为别人不知道！你要天天顶着一个缺德相出去（听众笑），你还好意思趾高气扬吗？

“不犯邪淫”这件事情为什么单独列出来？因为在这个时代极其严重，我看的报告就是离婚率特别高，家庭不和谐的很严重（那当然有缘走到我们秦皇岛这个家庭伦理道德研究会里面受教的，家庭五伦关系都会或快或慢地改变，都是有福德之人，是祖上有德）。邪淫严重到什么程度呢？严重到越来越向年轻人侵蚀。以前我们还没有手机的时候，你只要有遮法、有制度，小孩子还基本上可以隔开（色情的信息和图像）。现在，我们只能长叹一声，怎么办呢？打开网络，门户网站上都有搔首弄姿的动图，非得露胳膊、露大腿、露肩膀头子、露肚脐眼儿的，怎么办？它会使我们整个民族的后备力量的那个元精在念念之间流走。那个元精相当于什么呢？就是电器里面的电，我们身体的元精就相当于电器的电，也就是能量，消耗完了，想再补进去，能补，那你要有福德，得到道家的真传。缺德人为什么要补给你？不可能的。所以堂堂正正的人自然会补。这个事情没有人教我，是我自己体悟到的，就是你真心做一件事情，你的身体就会好。（掌声）

后来我找到了依据，是南怀瑾先生说的，你无欲无求真心做一件大善事，气脉都会改变。我才发现，一切的论述不出天人合一观。我看着我们中医的经络图就会发现，原来，中国古代的先祖把这件事情说得通通透透。比如说这（指手臂内侧靠近掌根的地方）为什么叫“内关”呢？大家琢磨琢磨为什么它叫内关？然后我们眼睛这儿的穴道为什么叫“睛明”呢？这个穴道按几下以后，眼睛就觉得好像真是亮了。为什么这个地方叫“太阳”？这有知道的吗？打坐的时候太阳的能量要进入人体，从这里进来（有听众脸上露出喜色）。这脸上有笑容了，就喜欢听这种秘密的。那再跟大家说，为什么五色跟五脏之间有对应关系？哪来的？底下可能有高人知道，就是不说，我替你说。打坐的时候人体跟天体有自然的能量交换过程，就像我们的手机时时刻刻跟外面有个信号的连接，只不过你不拨通的时候它不显示。然后就在某一个对应的时刻，这在我们的老皇历上都记着，都告诉你，哪一天应该对应着哪个地方，回去自己查就行了。我们简单地说，因为主要的不是分享这个，是分享《素书》。

肝对应的五色是青，对不对？青色，属木，那就是在每一年的春天，某一时刻，人体跟木星之间有个能量的交换，那个颜色就是青色的，你打坐的时候看的，就是青色。以此类推，我们自己的脾是什么颜色？脾不是黄色，它跟土星之间进行能量交换的场能显现为黄色，打坐之下，看它就是黄色的。那么，肺跟金星之间能量交换就是白色的，肾跟水星能量交换就是黑色的。一个小球球，一个小点点，所以为什么吃黑芝麻就补肾，“黑吃黑喝”嘛，吃黑芝麻、黑豆对应着它入肾经。那我们人跟天体之间就有这样的对应关系。所以为什么要敬天地？当你光明磊落、道法自然的时候，我们人体自然那个结构、那个功能就在起作用，天地之间的能量交换就会正常运行。你只要遵守着自然运行的天时规律，我们每一个人都可以身年百岁而动作不衰。就是因为我们跟天时对着干，太阳都睡觉了，你还点灯熬油，就像我过去那样，熬到现在这两个腮帮子还鼓不起来。另外一方面也说明缺土德对不对？到现在还没补全呢，不过稍微好了点儿（笑）。

天人之间本身就是合一的，看一看我们穴位的名称。如果你喜欢的话，那就查一查《道藏》，查一查古书，包括现在也有出版的书籍，把这些宝贵的规律都揭示出来。实际上它天天就在我们周围的环境当中存在，天天有讲的，你不肯受教就得不着，当面就错过。你说哪一个新华书店里面没有这些内容的阐述？全都有。但为什么你进去就找不着？因为你没立志，没认真修。而当一个人产生阴暗的想法、邪淫的想法，就麻烦了，你等于关闭了所有天地之间正面的能量向你补益的渠道，你就变成了人天分离，就像落叶离开了母体，没几天就干枯了，对不对？我们人也这样啊，所以我们遵守天地自然规律，就相当于是我们自己这个机器用一个线，插到了插座上，源源不断地接受着补益。践行德行就是那个插头，大家听懂了吗？践行德行就是那个插头，你只要一缺德就等于断电，只要一践行德行就等于接通，如此简单。所谓人补，你看买各种各样的营养品。你补去吧，我小时候妈妈告诉我一句老话，也是土话，很有意思，叫“人养人，皮包骨；天养人，肥的噜”。让天来养我们自己。而最大的伤害就是邪淫。

“修学好古，实事求是”，这是《汉书·河间献王刘德传》里面的八个字，对刘德的评价。刘德是皇族，他利用他皇族的身份，在秦末战乱之后重新弘扬中华优秀传统文化，把古籍搜集起来，这是刘德干的事情。所以他这个名字，“名者，命也”，对他来讲恰如其分，积了很大的德。我们党把后面四个字拿出来，挂在每一个党校门前，刻在大石头上，叫“实事求是”。

那后面的大家就更清楚了，中央也强调每一个干部，甚至每一个公民要敢于担当。全心全意为人民服务，结果最大的利益对象是谁？（听众回答：自己）在座的全都是明白人。做一个顶天立地、光明磊落的人，顶天立地、光明磊落，可不要以为是形容词，是千真万确的物理事实啊！不信的话，你可以拿现在的医学仪器或物理仪器做证明。你找一个就是这个人有真实德行的，你确实考察清楚了，你拿机器去测他身外的那个红外光，你看一下。我们有没有这个条件的？比如说医院的领导或哪个物理学实验室的？他那个光非常强。正常人就是一个红外光，我们人体这个温度不高，所以就是一个红外光，能测出来。但是经过好好地修养、修炼、锻炼的人呢，那个光慢慢地变白，很亮，尤其是头上很亮。实际上我们现在认真看的话能看出一个人气质光芒、神采奕奕，看他有精神。有些人睡一觉醒来，你说今天瞅你特别精神；而有些人就说，你昨天晚上没睡好。你怎么感觉到的？就是看他那个气色。什么气色？精气神嘛！气是由精来的，就是由能量来的。然后气能化成神，这是我们人体自然的功能。就像我们讲堂上这个光，它由电来的，电你看得见吗？能量你看得见吗？你看不见，你看的是“那个”表现出来的光。我们人也是这样，你就看着这个人，觉得他印堂发亮。所以今后我们也会相面，你看这个人印堂发亮，就说明他是心中有正念，他一定会有好命。你再看那个人眉头紧锁，脸色黯淡无光，那就麻烦了，一定是走了另外一条路。一个善，一个恶；一个光明，一个黑暗；就这两条大路。所以光明磊落这件事情是一个真实的物理现象、真实的生理现象。

我们有自己源远流长的文化

下面的内容就是一个例行的复习，每次讲座都要提，我们有自己的黄帝纪年。要记住，尽管年份、版本不同，大家采取哪一个都行，它反正都是四千七百多年。这个纪年就说明我们的传统真实存在，有这么长的传统，就说明我们有独一无二的文化。

不用别的，念会了这两句话，就可以入中华文化的内室，叫登堂入室。就是你真切地印证到“天之在我者，德也”，找天找不到，看到德行就看到了天。天就代表着时间，亏了天就少了时间；少了时间寿命就短，所以缺德就短寿，就是这个逻辑关系。你想长寿，不用求别人，求自己，积德，寿命自然增长。谁把这个道理用三个字说出来了？孔子，在《论语》里面，叫“仁者寿”。道德仁义礼是一体的，“仁者寿”。

“人禀五常，以有五脏。”我们能够有五脏，就是因为我们不缺仁义礼智信，所以能生出来。可是呢，每一个人的五藏功能是不一样的，就是强弱的功能状况是不一样的，它反推、反证着我们以前在仁义礼智信方面做得厚还是薄。所以，一眼可以望穿天下人。

第二讲

我们要清楚，中华五千年的历史，是从司马迁《史记·五帝本纪》中记载的黄帝开始的，而在黄帝之前还有八代神农氏，再往前十九代，天子是伏羲，伏羲画卦开启了我们这一次的中华文明；中华文化有一个从伏羲画卦就开始的心学传统，与文字无关；天心是纯净的，如果人心纯净则力量无穷，所以，学习《素书》的作用，首先是纯净我们的内心。

尊敬的各位同胞、各位同仁：

我们接着往下学习，中华文化的缘起是一个重大的历史课题、重大的文化课题。

中华文化的缘起

我们经常听到说中华五千年文化，我坚决反对，因为他说得不准确，如果说五千年，应该是说有文字记载的五千年。在有文字记载之前，我们的文化还有口耳相传的传统。口传不是谣传、不是瞎说，就像我们家规一样，不一定非得写下来，但是代代相传；还有一些秘法、秘籍、秘诀都是不需要写，一句话传给后代、传给子孙，代代流传到今天，也是真实不虚的。

我们现在能够看到两个时间，一个是六千四百年，说那时伏羲画卦；而中华书局出版的英汉版的《周易》上面说大约七千年左右伏羲画卦，反正是大大地超过了五千年。我们自己要清楚，所谓五千年的历史是从司马迁的《史记·五帝本纪》开始，但显然在黄帝之前八代神农氏，神农氏再往前有十九代天子，都被班固列为《汉书》里面的贤人，那再往前就是伏羲，伏羲画卦开启了这一世的中华文明，也是《易经》开始传承的开端。

那《易经》说的是什么呢？大家看这个字，上面一个日，底下一个月，就是甲骨文的写法，最初这个“易”，底下不是勿，是一个月。日月上下构成字，就是“易”，就是日月的变化；左右构成字，就是“明”，明白的明；说的都是阴阳、天地。阴阳不同的状态构成了五行，五行运转着万类。上一讲，我们通过眼睛、人体五脏和天体五大行星之间的能量传输关系，告诉大家“天布五行，以运万类；人禀五常，以有五藏”是打开中华文化的一个密码，是道破天机的语言，所以张仲景是医圣。为什么道破天机呢？他是把真实的、看得见的、生理结构的生成，归结到我们看不见的、以为就是人编出来的仁义礼智信这五常，生理与伦理的关系就搞清楚了。

伏羲和女娲传说是兄妹，伏羲把天子位传给女娲。“女娲补天”被认为是一个神话，但我读了这么多年经典以后，发觉它不是神话，也把它写到这本书里面（指《中华经典十二部浅说》），就是我知道的那点儿秘密，几乎都端出来，写到这本小册子里，就在序言里面。看懂了五行的秘密，再读中国的一些经典，尤其是修行方面的经典，你就能够明白，他说的是什么，否则你就会被那个词汇绕得云里雾里，所谓云山雾罩，看不着真面目。

“女娲补天”是因为说人间洪水泛滥，好像是天漏了，把人都淹了，最后她炼什么大家知道吧？什么石？五色石。为什么是五色石？哪五色大家知道吗？想一想上一讲，我们讲的五色跟五脏之间那个关系，对，说对了！就是肝木的青色、心火的赤色（也就是红色）、肺金的白色、脾土的黄色和肾水的黑色，这五色石。怎么炼呢？清代的名医彭子益有一本书，叫《圆运动的古中医学》，不知道大家看过没有，中国中医药出版社出版。他说如果一个人“五行顺转”的话，是一片空明，如果你不打坐，这个话说起来你只能听，听描述，或者只能想象，甚至将信将疑，你只有证到发现是一片光明，就是不显现这个颜色。

学过初中物理我们就知道了，这个所谓的白色光你看见有颜色吗？没有。但是用三棱镜一折射，投到白墙上，大家明白了，原来这个白光是七色光构成的，这个光里面隐藏着各种各样的颜色。这个道理明白，那你反过来看我们的衣服，现代物理学告诉我们的，跟我们以前的认识是相反的，这是我当时学初中物理时的感受，原来不是我的眼睛看到它，是它隐藏了一部分颜色，反射了一部分颜色，比如说我穿这件衣服，它就把这种颜色的那个光折射出来让我们看到，其他的光被它吸收了、隐藏了。那黑色的衣服和白色的衣服大家都知道，一个全收一个全放，那其他红色的或者彩色的，根据这个材料的品质，吸收一部分释放一部分，所以我们看到这是蓝色的，那是红色的，这个道理初中的时候我们就懂，对不对？

那女娲炼五色石或五彩石补天，它的意思翻译过来就是你修炼五行，涵养五藏，把你那个欲望之水控制住，这能明白了吧？为什么叫补天呢？是因为人的欲望泛滥，四处流淌，不受控制，所以人在苦海里煎熬，她治这个水，就从人的欲望上治，让人回补先天（肾水）和后天（脾土），把漏掉的这个“天”补上。怎么补？还是通过五行，让你自己去修炼，这个五行修炼好了，一片空明，天空恢复到天朗气清的状态，你就把自己的这个天补上了。我们的肾叫“先天”，脾叫“后天”，这“两天”都是涵养我们的，所以叫“女娲补天”。它不是什么神话传说，是道家修行的寓言。

通过这个隐秘的修行寓言我们就知道，女娲那个时代五行学说已经被我们的先祖发现了，可是为什么不明白地讲出来呢？这是我们今天人以现代的思维去考量，我认为在古代，闻弦音而知雅意，这么说就已经等于是大白于天下，告诉你了。那还有一层关系，也就是说，没有德行的、不肯听话的，这个故事讲完了，你说这不是神话吗？就带有不屑，那你就不屑，你就不听，就得不着，这样的人是得不着真东西的。

还有一层隐藏的意思，就像我们说《素书》有这种秘诫，从墓里盗出来，不准传于不道、不圣、不贤的人。那我就说，我们一起念一段誓言，把以前的全补平了。只要发誓我全心全意为人民服务，那以前多大的亏欠，就这一个志愿、一个誓言，一下子就能把那个坑填满，我们就可以在这个地基之上起高楼。就起这个作用，道理是一样的。它证明古代的表述方法跟今天的不同。

再说一个故事，精卫填海，我也写到这本书里面（指《中华经典十二部浅说》）。说是一个神话，精卫，炎帝的女儿（炎呢，心火上炎，南方；帝呢，阳中之阳，阳中之王），就是阳的女儿，女性属阴，尽管是阳的后代，但是她要往下去，这个方向就对了。海，在我们人体下部，叫海底。所以精卫填海，说的其实是肾水上升，心火下降，这能明白吧？水火既济，人是一个健康的状态，也就是心火被肺的功能压下来，进入底部，温暖我们的肾水；肾水蒸腾，涵养我们的五脏六腑，你才能有荣华，有荣华你才能有富贵，就是这么来的。说明心肾进行一个良性的相交，然后产生的是泰卦，天地交泰，一看这个人身体安泰，就是这样来的。三阳开泰也是从这里来的。中华文化不要以为就是背诵诗词，穿个褂子，背诵几句经典，给老人洗脚，也不管老人愿意不愿意，就好像只有这样才是孝道。孝啊，深广无边，为国家尽忠就是为父母尽孝，不是分开的，不要太局限地去理解。所以精卫填海，也是说明我们人体内部运作的一个隐秘的规律。

如果还不明白，我们再去看看《庄子》第一篇“逍遥游”。“北冥有鱼”，北冥，指我们身体下部，即海底；有鱼，鱼就代表我们的欲望，鱼之音近“欲”，就是说人在海底生出一个欲望。这个欲望他起个名叫“鲲”，看这个字，鱼字旁一个日和比，就说明这个欲望和你那个阳能相毗邻，对吧？你没有能量哪来的欲望？所以道家修行是不害怕这种能量的，是把能量采回来自己用的。这个欲望生出来可不得了，规模巨大，你要不控制它的话，就像孙悟空大闹天宫一样，会做好多事情。现在，在庄子的形容下，叫“怒而飞”，往哪儿飞？“海运南徙”，往南边飞。你看它的运动方向跟精卫是相反的，就是“化而为鸟，其名为鹏”，它往南飞，也就是底下肾水蒸腾起来，跟心火相交的意思。只有这样，这个人才能逍遥自在，才能是健康的。说清楚了没有？（有听众颔首，表示清楚了）这些经典说的是同一个道理，其内核就是阴阳，就是五行。古代“闻弦音而知雅意”，不会说得那么直白。描述一个浩瀚的、伟大的、壮观的场景，让我们欣赏文字美妙的同时，也领略道家的秘籍。

中华文化的传承

黄帝他老人家呢，好像一开始不知道这些事情，光忙活着“修德振兵”、统一华夏了。奋斗了十九年，国家安泰之后，那也要为自己找一个归宿啊，他听说广成子是高人，就去拜见广成子。天子嘛，到任何一个地方都有一个排场，而道家修行高人他不吃这一套，所以广成子不买账。赤松子就告诉黄帝，注意你那颗心，人的道路就是在心上分的，你要是诚恳的话，以膝盖当脚，那就会一诚百通。黄帝回去诚意正心三个月，最后磕着头上山，见到了广成子，他老人家就告诉黄帝怎么修，所以医道同源，传下来。传到黄帝的孙子颛顼帝，黄帝的曾孙帝喾，然后传到第五代孙，就是我们熟知的尧。尧传了心法给舜，这件事情记载在《论语·尧曰》里面，就是第二十篇。“尧曰：‘咨！尔舜！天之历数在尔躬’”，就是要传位了，说，舜啊，我告诉你，现在这个天子之位要传给你了，世界运转的历数就在你的身上，你要尽心尽力、全心全意为人民服务；一定要“允执其中”，就是不能懈怠、不能分心，一门心思干到底；“四海困穷，天禄永终”，如果在你执政之下，天下居然贫困了，那你自己的俸禄、命运也就结束了。

人民跟天子是一体的，主明就下安；一个领导人跟自己的下属是一体的，你能招来什么样的下属，是你自己德行的外化，这能听懂吗？你没有那个德行，你想招好人，凭什么呀？他不会来的。你德行修到了，那种好的员工自动地就找上门来，或者是你一打招工的告示，来的就都是好人；否则的话，来的都是给你挖坑的，因为你干了缺德事，一定会有跟你相应的那种人、事、物。这就是天人合一的道理，它是一个极其物理的道理，这是我这么多年体会人世和世界，慢慢感触到的一个可验证的事实。不信大家就观察，如果一个人创业的时候谦虚、勤奋、和顺，那么周围会聚集一批创业的元老，事业蒸蒸日上。如果说到一定程度了，进入五百强了，进入什么什么排行榜了，电视也报道了，然后美女也糊上来了，他要是立不住，你就往下看，慢慢地就有开创的员工离他而去，辞职走了。然后他不在乎，有钱有势有名声，好像是家大业大，你走你的，有更多人求着我来。他就不知道，这一松动，就像那山根底下全动了一样，这个事业很快就塌下来。所以您看世间上这种事情，年年发生，月月发生，天天发生。什么样的人可以经营百年老店呢？就是明白道理以后，守着一条正道做到底的人。

所以，尧传这个心法叫“允执其中”，就是一定要慎重，一定要兢兢业业，不能脱离本位成就，一直往下传，传到什么时候？传到清初。清尽管是满族人入关，可对中华文化的学习，从现在的历史记载来看，至少康熙是知道这件事情的。

还有大禹制范。我们说中华文化是河图洛书的文化，那“河出图”被伏羲他老人家看见，画出了卦象；“洛出书”被大禹他老人家看见，制出了“范”。河图洛书，你翻任何一本《易经》，后面你看那两幅图，什么“戴九履一，左三右七，二四为肩，六八为足”，就是那么一套语言，你看一下，很清楚。“制范”，“范”就是规范、规律。后来为了尊重这个规律，在《尚书》里面记载这件事情，加上了一个洪大的“洪”字，所以读思想史专业的人都知道这篇伟大的文献叫《洪范》。它实际上就是治国的根本大法，大禹制定出来，那肯定传给他儿子启。启呢，被称为夏朝的开创者，实际上“夏朝”这个名字从禹那时候就有，就是夏后氏。夏被商代替，商也知道这套治国大法。所以当商灭亡的时候，周武王向商代的皇族箕子请教治国大法，箕子和盘托出。它不是商代贵族治理国家的密宝，它是从古代传下来的中华优秀传统文化，就传到了周。那武王知道，周公当然知道，所以周公制定了《周礼》，这个“礼”是我们《素书》里面非常重要的一环，后面我们会讲到。

大家看，从“伏羲画卦”、“女娲补天”、“黄帝问道”、“尧传心法”到“大禹制范”，这至少两千年间，中华文化从缘起开创到发展，已经非常地完备，只是那个时候没有互联网、没有高速公路、没有飞机，但从理念上对天、地、人这种规律的探讨，已经非常地完备。“三代同传”两千年，指夏、商、周三代，共一千八百多年，就是现在夏、商、周断代工程考察出来的，从公元前2070年到公元前256年，秦国灭掉周结束。

历史从正反两方面印证中华文化心法的正确，正面印证有大治；反面印证，亡国或衰落。“文鼎俱失”两千年，是指中华文化很多的经文、宝藏丢失了，或者那个秘传不被后世人知道。鼎，据说黄帝那个时候就铸了鼎，但后来铸造规模更大宝鼎的是大禹。统一华夏以后，大禹治水定九州，制造了九鼎，从这个技术上来看，在大禹的那个时候就能炼青铜，而且青铜上还刻着文字、瑞兽或者各地的山川图景，“传国宝鼎”是从这里来的。夏、商、周这三代，历代的统治者也就是最高的皇族，都拥有这套宝鼎，可是在战国末期，就是秦的时候失传了，不知道哪儿去了。我倒是希望有一天，这九个宝鼎出土，然后完本的《尚书》出土，我们就可以不用通过考古去猜、去论证，因为那是真实的历史记录。

《尚书》原本应该是三千多篇，可是现在只能读到二十八九篇，有的说二十八篇，就是有的版本把其中两篇合起来，有的分开来就是二十九篇，这些篇章的真实性是无争议的。有争议的呢，是指后世增补伪造的篇章。晋朝时候，一位姓梅的先生，豫章内史梅赜，向国家贡献的《梅氏尚书》，四十多篇，比孔壁本多了一些，由于传承无稽，有些人认为他传承的《尚书》可能是伪造的，所以这个学术界有大争议。到了明清时期，有些篇章如《大禹谟》已经被史学界定论是伪作。这就说明我们大部分的古代史、上古史失传了，只能是靠零零星星的记述，需要我们这些后世子孙慢慢地把它拼接起来。国外的人不承认，我们自己可不能虚无。就相当于是我们举例子说，我们在座各位八代以前的祖先都去世了，没有还在世的吧？即使他们不存在了，但是我们的存在就证明他们曾经存在过。不能有些人说，你说你八辈以前有个什么祖先，谁给你证明？他在哪儿呢？那我们还得把祖坟挖开来给他看吗？不需要！文化自信的表现就是我不需要证明我祖先的存在！我不需要证明天人合一的正确！你爱懂不懂、爱听不听！听的，得救；不听的，你遭罪是你自己的事；我凭什么要磕着头去求你学？（掌声）所谓的文化自信，就是平和、中正，不需要去表白、辩解。

《中国经典经济学》这本书，英国的帕斯公司买了版权之后，我们周围有几个师兄弟，他们很解气地说，不要找翻译，我们当时学西方、学英文花了那么大的功夫，花费那么多时间，不用翻译成英文，让他自己来学。然后我就说，你们慈悲一点儿好不好？中华文化的心胸很宽广，我们不跟他们一样的。伟大复兴要有伟大的胸怀、要有伟大的定力，也要有伟大的耐力，事情靠我们做出来才算数。

这是讲中华文化的缘起和传承，就是要坚定我们的信心。

温故而知新，简单介绍一下中华文化的构建原则。这个不仔细讲，给大家看一下。

就“近取诸身，远取诸物”，八卦就是这样来的，八种卦象就是八种现象挂在天地之间，归成八类。

“一以贯之”，孔子说的，传孔门心法给曾子，“吾道一以贯之”，传法就传完了，就是具格的弟子，老师点一句话就通了。

“天人合一”，是对人的生命和世界本质关系最大的概括；“物我一如”，庄子说的，天地与我共生，万物与我为一；还有“一切外相都是自身心识变现，一切机械都是人体功能的外化与物化，一切所得都是自己内在德行的变现”。依据在哪里呢？《易经·坤卦·文言》里，叫“君子黄中通理”，中嘛，中宫、中土，五色为黄。“黄中通理，正位居体”，你的心正不正？“正位居体”，有一个君主，就是你的念头，在心里面光明磊落、堂堂正正地端坐在你的身体之上，那叫什么？“美在其中”啊，人家会发现这个人活得美滋滋的。然后“畅于四肢”，就发现你的身体有德行、有德相，“德润身”嘛！“发于事业”，你把它外化在事业当中，待人接物，就是“美之至也”。这是一个人从内到外的展现。这是启发曾子《大学》“内圣外王”的原点。

天心与人心

我们看这一个关系，天、人、心实际上是一体的，天心和人心是结合在一块儿的。但天心是干净的，人心呢？两说，有干净的，有被污染的。我们曾经被污染也可以再纯净回来，洗一洗就完了嘛！就像这个杯子，因为今天讲《素书》，我不像每天一样泡茶，一定要喝白水，一看就清楚、透明。里面以前有茶垢，那你现在看不见，它就是很干净、很纯粹的，通体透明。人也可以这样，只要能做到这一点，你注意观察，就是九十岁以上的老人，还眼不花、耳不聋，身体非常健康，不需要人照顾，那就是有德行的真实表现，那个做不了假。

中华文化有一个心学传统，从“伏羲画卦”就开始了。中国的这个文化，如果你没了解这个心学传统的话，你学的只是文字，永远是一个局部的东西、局限的东西；只有悟通了那颗心，体悟天地之间的文化，才圆融无碍。《黄帝内经》告诉我们，心是“君主之官”，那我们扪心自问，在我们身体里做主的那颗心，是一颗纯净之心，还是一颗被污染之心？是一颗光明之心，还是一颗黑暗之心？是一颗为国家民族未来担当的勇敢之心，还是只是计算自己私利、维护自己的孩子、不管其他人死活的那么一个肮脏的灵魂？你自己心里清楚，不必去问。如果你想算命，我也劝你不要算了，你问一问自己的心地，列出几个问题，打打挑，看“是”还是“否”，哪个多一点儿，你的未来就已经非常清晰地呈现在自己的脚下，其实不是脚下，是你自己的心田。

被西方称为所谓20世纪伟大心灵导师的克里希那穆提有一句话，叫“真理是无路之国”，你往哪儿走？所以我在《中国传统管理学》上提出的第一个命题就是，管理的唯一场合就是自己的心地。你就是坐太空船跑到宇宙空间里面去，你心不干净，那个地方因为你这一念还是有污染，你心里也静不下来。管好自己的心地，无论到哪里都随遇而安，天下太平。

《管子》有“心术篇”（上、下），还有“白心篇”。第一句开篇就是“心之在体，君之位也”，看看《管子》和《黄帝内经》，实际上说的是一个意思，这就是以经解经啊！经典、圣贤之间没有隔阂，只是语言不同而已。那如果你只知道背诵没有悟通，就会觉得他跟他说的是不一样的，那就是隔阂、那就是界限，然后你用的时候，就很可能格格不入，就不好用。

《尚书》里面这个传承心法，我们前面提到过了，“人心唯危，道心唯微，唯精唯一，允执其中”。

《坛经》就是唐代的，我们说慧能大师讲述的经历，他说“内心不乱为定”。不是求“定”吗？“知止而后有定”，这是《大学》里面的，你怎么能够定下来？就是看你内心乱不乱。什么叫内心乱不乱？有些人修行，就是家里一点儿都不能有声音，一点儿都不能吵，最好是家务活儿也不干，老公我也不伺候，孩子我也不管，婆婆当然就更不管了，然后到一个寺庙里面去吃住，盘腿一坐，以为自己在修行，我说你造孽吧！下辈子你还来，境遇还不如这一辈子（如果有这个前世来生的话）。因为它不符合道理呀，放着你应该干的事情不干，家道、家道，你没好好地完成，跑外面去找，怎么可能？这样的人要能修成，我说我不姓钟了，倒着写。不可能的！无论儒、释、道、医、武都没有这种修法。你说出家人在那儿修，人家是有那个机缘，变成了职业修行人。要么你好好地把头发剃掉，你也出家；或者是到道家，你把头发绾起来做道姑；或者是在儒家里面，你好好地去维护一个讲堂；或者你去做医生；或者是练功练武都可以。就是干什么要是什么，你别干成四不像，四不像再稀奇，它也是畜生。做事情要符合自己的身份。我们说随类化身，面对父母做一个好子女，面对子女做一对儿好父母，以此类推。没有一个固定的形式，我们每天扮演着千万种角色，每一个人都是演员，你要演好。可是在这个过程当中有一个是定的，就是天心和人心相和的那颗道心，那颗静心是定的，是不受污染的，即使在嘈杂的市场里面腥臊恶臭，依然是定的。

为什么我可以这样讲呢？是因为我看了复旦大学练性乾教授写的关于《我读南怀瑾》，他写的这本书里面介绍，南先生在台湾写第一本书《禅海蠡测》，当时住在一个菜市场上面，底下有卖肉的，台湾是亚热带气候，你想底下是卖肉的，蒸腾起来的是什么味道大家都清楚，尤其是吃素食时间长的，那不是什么香味啊！还有呢，这个手抱着一个孩子，底下这个脚推着一个悠车，悠着一个孩子，是这样写出来的。看了这个介绍以后，我说我从此不再敢说自己没时间，不再推脱，说没有好环境。就看你心定不定，定下来，不要说等什么时候我再写，等什么时候我再干，像胡适当年说的，等到实验室建好了再去做实验的学生，等实验室建好了他仍然不会去做实验。胡适做过北大校长，他就看出有一些人，跟今天这些人，实际上我们说都是一样的。真正践行的人，是条件还没有具足的时候，甚至还没有什么条件的时候，就已经开始创造条件去做了。而那些说等到有了什么条件我再如何如何的人，等到有了那些条件他还是赖在沙发上，不会去做。这就看出一个人内心是不是有节制，是不是坚定。内心坚定的人，只要他立下一个志向，想干成一件事情，那只是时间的问题，只是一个高度和程度的问题。

所谓“心学”这个传统由来已久，但是对于现在的中国人，好像只知道明代的王阳明，1508年龙场悟道奉献了四句偈，就以为“心学”就是从王阳明那儿开始。我说这是不知道历史，是对历史的无知。王阳明说过这样一句话，“心体上着不得一念留滞，就如眼着不得些子尘沙。这一念不但是私念，便好的念头，亦着不得些子（这是当时的话，就是一点儿都不能有的意思）。如眼中放些金玉屑，眼亦开不得了。”所谓念头，你说思念、杂念、邪念不能有，好的念头也着吗？着也是污染。这能明白吗？就是王阳明给我们的贡献。但是他这么说呀，这是大白话，他跟古代的祖师包括现代的一些好的修行人写出来的诗句相比，还是啰唆了一些。更精彩的是《诗经》的传统，那种美，美得无以复加，美得让人落泪。

清静素心力量无穷

我们刚才提到，黄帝诚意正心三个月，跪着去见老师，那广成子告诉他什么呢？这段话大家应该千百遍地背诵。不用记，网上都能查到，现在就是干干净净、诚意正心地听，这是最有利于自己身心健康的。

广成子传黄帝的心法：**无视无听，抱神以静，形将自正。必清必净，无劳汝心，无摇汝精，存神定气，乃可长生。目无所见，耳无所闻，心无所知，汝将守形，形乃长生。**

“无视无听”，有的版本是写成那个勿，就是“勿视勿听”，都可以。“抱神以静”，抱神，这是道家的话。我们现在这神呢，我们抱吗？全散出去，拿着那个手机做低头族。刚才说了整个五藏六腑的精华全在眼睛上，像我们这种以前不懂的，把眼睛已经耗近视了的人，最能体会这种痛苦，就是你这个所有的精气神，通过眼睛注射出去，把能量消耗出去了。所以闭目养神，我每隔一段时间要“戒读”，就是读书的读，不能看东西，一拿起看的那个东西就感觉能量迅速地跟书结为一体，就出去了。现在是要收回来，闭目养神。

再有一个，南先生他是从四川的一个道人那里学来的，今天转述给大家。现在是一个即将春暖花开的季节，那么你会看花吗？真正看花不是把我们的能量射出去，盯在那个花上，是让那个花来看我。收回来。据说“虎视眈眈”就是这个道理，这也是道家的传承。什么叫虎视眈眈？它说老虎的眼睛为什么人看了害怕，因为它摄人心魄，它不是把眼神能量释放出去，它是往里吸，要体会这个作用，往里吸。

也有人说道家，道嘛，倒过来，你射出去我就把它吸回来，在天地之间“倒用”这个能量，收回来。所以你看练气功，我们想象的是不是天地之间的能量都进入我的身体呀？补益自己呀？不要害怕，这种补益对我们有好处。天地也不会吝啬，大海不差你这一点儿沙子进去，也就是说我们自己完全可以融入天地之间，把自己同化反而纯净了。

“无视无听，抱神以净，形将自正。”形，就是我们的身体，你能做到这一点，身体自然归正。然后“必清必静”，有的版本是干净的净，心一定要清净。道家有一个《清静经》，敬善媛还唱出来过，也建议大家没事的时候读一读、听一听、静一静。

“无劳汝心”，我们的心化现为我们这个身体，化现为整个五脏、四肢、五官、百骸。不要说去劳动身体、去朝思暮想，就是眼神一动，都耗费着能量，要体会这一点。“无劳汝心”就告诉你，不要轻举妄动，甚至心念都不要动，清清静静。

“无摇汝精”就是刚才我们提到的，现在这个社会，所见之处，全都是动摇人精气神的，男女都一样。现在这个用词，全都是非人的用词，比如年轻人叫“小鲜肉”，这是动物的视野，食肉动物的视野、视角，大家体会到吗？他就知道吃，看到年轻的不管男孩女孩叫“小鲜肉”，很可怕呀；还有“宅”，“宅男”、“宅女”；碰到穿的性感的，就叫“女神”；碰到喜欢的帅哥，大长腿，叫什么“欧巴”，就是“男神”；全都是邪淫的想法，他把男女之间那种天真、纯净的感情都玷污了、污染了。所以很多五十岁以上的那种病症，越来越向年轻的年龄段侵袭。就是因为他劳心、耗精，他不但耗精，他还射出去，排出去。本来这个能量应该经过任、督二脉，正常的天道循环输送上来，通过后面的这三关——命门、夹脊、玉枕，一直到泥丸宫，从这上来补益我们的身体；让我们有荣华，有荣华就是有能量；然后正位居体，就可以有好的念头；天地之间那个事业发展，就会自然地进入良性的轨道；就会帮助你有富贵。

富，发财嘛；贵，升官嘛！可是呢，邪淫的人他把自己所有的未来、祖先的福德、自己现世的事业，都过度地卑鄙下流，化成体液流走了。看中国历史的教训就会知道，纵然是盛世皇帝，其江山运势也经不起邪淫乱伦的毁坏，唐朝的强大和宋朝的富庶，转眼就变成了雨打风吹去，普通人如何能够不引以为戒？打仗之前军队要进行一件事情，叫“养精蓄锐”，保养的就是能量，只有“精”得到藏养，“锐”气充盈，才是“精锐部队”。有这个能量就有战斗力、就有记忆力、就有分析力、就有感知力、就有预判力；没有这个能量，你看看这些孩子的眼神，污浊、游移、黯淡、昏沉，没有光泽，然后就没有事业，全是挫折、不如意。

我用中国文化去解读当前大学生就业难的问题，我说你问一问他在他自己掌控的时间里干了什么，然后再去让他想为什么现在找不到理想的工作？而为什么我们在二十多年前就业的时候，发现周围那些拼命努力的师兄师姐，不但能找到工作，而是五六个、七八个单位抢着要？天理从来都在，没有一时一刻不在，她也没有遗漏任何人。当你发觉自己境遇不好的时候，要扪心自问，在人看不见的时候，或者你以为其他人看不见的时候你都干了什么、想了什么；是不是忘了中华先祖告诉我们的四个字，叫“君子慎独”；是不是忘了“君子无福怨自身”；福自我求啊，不从他来。所以要存神定气，把它存下来，安定下来，这就是一切生长的能量，“乃可长生”。

我们现在知道，一部手机如果你不怎么用它，放在那里待机时间有多长。这个概念大家都清楚是不是？可是自己这个身体如何能够长寿就搞不清楚了，这不莫名其妙吗？按照我现在明白的道家养生常识呢，我自己要想长寿，现在就应该闭嘴，不吱声（不出来讲座），“开口神气散，意动火工寒”，这是道家的警告；吕祖的《百字铭》开篇就说，“养气忘言守，降心为无为”，多言就耗气。那为什么给大家说说呢？因为现在没有多少人说，为这些中华经典做通俗讲解的人少，那就只好不揣鄙陋粗劣，出来勉强给大家叨咕叨咕，说一说经典的大意和践行方法。往好听里说呢，是积点儿福德，给大家铺垫个路，然后抛砖引玉，让更高的人出来；难听一点儿呢，总要把祖先的一点儿意思传承下来吧？（掌声）感恩大家的鼓励。实际上这件事情并不那么容易，你想这样一个经典花了两年才落地，找到一个地方可以讲，并不容易。（掌声）

“国学大讲堂”这一套书（指“钟永圣国学大讲堂”精装五卷本）在新华出版社要出版的时候，他们的社长说这一套书要用最好的纸印刷。现在这个时候，经过国家领导人大力提倡复兴中华优秀传统文化，大家都想读一读中华经典。很多人都有这种体会，拿到了那些经典稿本以后，既然人家都说好，那就硬着头皮看一看，就看前两页，往后就读不下去了，因为读不懂；读不懂也用不上，用不上呢，过两天事情一忙，就撂下了。很多人都是集中几天精力，想要去读，读不懂，望洋兴叹，束之高阁。所以为什么现在有我们这种大白话的讲解（国学大讲堂）可以出版，还挺受欢迎的？就是因为中华传统文化传承她断层了好多年、好多代了，我们只能从最根本、最基础的传承做起。我以前说过，像我这样的人都能上来讲经典，可见这个文化衰落到何等程度，有待于将来，高人出来给大家重新做精致、精深、精巧的解读。

“目无所见，耳无所闻，心无所知，汝将守形，形乃长生。”就是“闭关”的道理。“目无所见”，不要整天地四处撒么（搜寻、探究、观察之意），就好像是犄角旮旯也一定要看个明白，你又不是打扫卫生，你关心那么多杂事乱事干吗？省下心思干点儿正事好不好？“耳无所闻”，也不要听乱七八糟的事情。“心无所知”，不是说糊涂造成的什么都不知道，是说他没有一个成见、知见萦绕在心头，心无所知而无所不知，只是不自己起心动念，这一点要明白。“汝将守形”，所以这等于是说，只有这样你才能够把自己这个身体守护好了。像我这个脸型，目前这个状态，大家一看就知道，思虑过度。就是看书多，想得多，伤了脾，所以这个两腮就始终鼓不起来。不会因为你讲的是经典，然后这个天理对你额外开恩照顾你，不会的。谁违犯，谁就去证明。一个是正面的证明，一个是反面的证明。

素食　素衣　素书

《素书》就是干净的书，洁净精微的智慧。我们说饮食上，要吃点儿好东西补充营养；那精神上，我们的灵魂，我们的心性就不需要营养吗？也需要干净的饮食，这个东西叫“素食”。所以读书千万别读差了，现在各种各样的书，消耗人的精气神，读差了，就把自己的生命浪费了。那怎么选择呢？不需要选择，也不需要什么高人开书单，就是读中华经典。这代代祖先已经选择过了，筛选过了，要吃这样的精神食粮，为“素食”，就是《论语》呀、《道德经》呀、《黄帝内经》这都叫“素食”。不要以为只有不吃肉、不吃鱼才叫素食，那太局限了。

穿素衣，素衣是什么意思？就是不染之衣。你穿这个衣服别人看起来不会起邪念。男的好说，现在正式的服装，除了西装，就是中装，类似像我们这种褂子或者长衫，样数不怎么多。麻烦的是女装，花样百出，五彩缤纷。最麻烦的是一到夏天，有些时候一不注意，“哗”的一下，整个后背露给你；或者是肚脐眼儿露给全天下；现在这个天气就流行那个“破”牛仔裤，要故意把膝盖处磨破，穿的时候露出两个膝盖头。谁发明的这个裤子？这个设计师，将来他的腿恐怕是要坐轮椅的，因为他害了天下所有这些时髦的年轻人的健康。为什么？膝盖那是关节啊，关节是最怕风的，结果你穿裤子就露出那个东西，年轻的时候血气盛你感觉不出来，女孩子三十五岁以后你试试看。包括现在她就有可能感到身体不舒服，比如说痛经，或者要做准妈妈怀胎都困难，因为宫寒啊！还有，据说跟韩国学的，冬天的时候流行不穿袜子，还把踝关节露出来，底下是一个扁平的棉鞋，然后露着脚脖子，裤子也短。说是最新流行，最为时髦，其实这都是没文化的表现，觉得时髦、觉得性感，可是你性感给谁看？全是沾染，让别人沾染邪思邪念，这不是危险都不知道嘛，这些都不是素衣。素衣就是干净的衣服，让人一看升起庄严之念，心念清净，这是素衣。它跟什么色彩服饰关系不大。女同胞一定要注意！包括做家长的，如果家里是女孩的，一定要真正地关爱她，“天衣无缝”啊！（掌声）露肩膀的、露肚脐的、露后面命门的，就是那种高开衩把后背全亮出来的，都不是素衣。

你看《黄帝内经》知道，后背是什么？三关哪！腰部那就是命门！什么是命门？你让他看道家书籍也来不及了，我就给大家解释一下吧！我们这个房间的门你想要不打开的话，我们从哪儿出去？从窗出去都相当于跳楼，那是要死的，对不对？门是极其重要的，后面腰这叫“命门”啊，你把它露出来，那真就是不要命了。它是我们人跟宇宙之间交换能量、命之所系的地方！这么重要都不知道保护，就看我们这个文化缺失到何种程度！真是可怜！现在我们通过弘扬文化，让大家知道保护自己，不是保护别人。你说我费这么大劲儿、费这么多口舌说这些事情，她穿不穿素衣跟我什么关系？但是她们生育的每一个孩子都是炎黄子孙，她强壮就说明我们的族群强壮，她要做母亲，生出一个好孩子，这个孩子将来能生发什么样的世界，我们怎么能知道？万一她生出像文王那样的大贤呢？那我不就可以悠哉游哉地每天喝茶看书吗？不需要这么操心哪！

所以，天下要想好，就要有良民；良民是由好孩子长成的，好孩子谁孕育的？当然是母亲孕育的，那母亲怎么能成为一个合格的母亲？依靠文教，要依靠文化呀，教她做圣母啊！我们的“太太文化”不就是这样来的吗？中华文化不就是母教文化吗？太姜、太任、太姒，文王的奶奶、妈妈和妻子，孕育了一家圣人。所以周朝、周礼、周文化让孔子佩服得五体投地。我们传到今天，你以为读《论语》、读儒家文化跟周文王没关系吗？跟周公没关系吗？那不就是一个直接的传承吗？那周朝跟商代圣贤没关系吗？跟夏朝没关系吗？跟大禹、舜、尧、帝喾、颛顼、黄帝、女娲、伏羲没关系吗？一直传到今天哪，活生生的文化！所以需要读书，尽管我们这本书叫《素书》，这是狭义的，广义的“素书”，就是一切洁净精微的智慧经典。

我们不是“吃素的”

有一句东北土话，不知道这边是不是这样讲，叫我们不是“吃素的”。说人“熊包”就是指“吃素的”，我们主张吃素食，但我们不是“吃素的”！什么意思？你来打，我就跟你打，一打到底，把你赶出去。例如，中国共产党在那样艰苦的条件之下，赢得抗战的胜利，赢得内战的胜利，就可以说不是“吃素的”。尽管我们现在明白，最好不要打内战，但是逼到没有办法，那怎么办？你看《史记》，黄帝“修德振兵”。首先要修德，黄帝本身生得就很厚，有土德，他不会像我这样两腮塌陷，他是丰隆饱满的，一定是那样的面相，所以叫黄帝。他也不姓黄，就是因为他有土德，宽厚，才被称为轩辕黄帝。那修德以后振兵，统一华夏，大家不要再打了，让天下有个安宁，重启中华文化，等于又收拾了一遍。一位伟大的天子，能文能武，能打胜仗，也能安定天下，还能够了却自己的身命。查了那么多史籍，黄帝不是死了，是成仙了，得道了，还有说升天了。我们不去谈他到底怎么样，反正是一个伟大的先祖。

那孔子呢，在《易传》里面说“刚柔相济”，你是否以为他打太极拳呢？怎么会说刚柔相济？但这个词确实最初是孔子在《易传》里面给我们贡献的。刚是阳刚，柔是阴柔，阴柔不是阴谋，而是柔和、柔软。相济，跟水火既济的“济”是同一个字，我们每一个人只有达到这个状态，才是健康的。包括女子也要刚柔相济，男子也要刚柔相济。说男子阳刚，女子阴柔，那错了，他（她）不健康。只不过就是人们把男子雄性方面的表现，狭窄地定义为阳刚，那女性是另外一面。但实际上一个中道之人，都是刚柔相济、阴阳平衡、文武双全。

范仲淹就是这样的人。你看《岳阳楼记》，那写得多美啊！我在初中二年级的时候，花了三天早上的时间，背诵《岳阳楼记》，到今天仍然能不假思索地背诵。范仲淹还是写词的高手，“碧云天，黄叶地，秋色连波，波上寒烟翠。”琼瑶阿姨把“寒烟翠”这三个字提出来，作为她一个小说的书名；“塞下秋来风景异，衡阳雁去无留意”，好句子，真有才华！关键是他的德行，当了参知政事，按照我们今天说，那是常委级的副总理啊，然后把自己的薪水分给几百户亲朋好友去享用，自己仍然保持着年轻求学时那种艰苦的状态。年轻的时候，他跟留守的儿子在一块儿，他自己蒸一盘粥，画个十字，这大家知道吧？古人勤学的故事，每顿就吃那么一块儿粥。留守的儿子看他过得太贫穷，把自己家里的山珍海味拿来给他，放坏了他都不动。为什么不动？难以为继嘛！这两天吃得好，过两天呢？有些人喝茶都能把自己喝穷了，那个口味越来越刁钻；有些人喝红酒，哪儿的葡萄都能尝出来。是不是这方面的专家？但是他会误国的、误事的，要把心用到正的地方。

这是讲他的修为，他自己修身没问题。再看他齐家，他四个儿子范纯佑、范纯仁、范纯礼、范纯粹，纯字辈儿的，有一个做了宰相。你看人家做父亲的，他得积多大的德？因为他小时候很贫穷啊，也就是说白手起家，能到这一地步。派他去西夏镇守边关，那是元帅，等于卫戍区司令，文武双全，能文能武。怎么做到的？还有一句名言是他说的，“不为良相，即为良医”，都是为了天下。所以人家苏州范氏八百年，到现在据说仍然人才辈出。

那我们呢，为子孙计，为自己后身计，为自己晚年计，现在就应该积德。谁是高人？就是你晚年离开的时候，不进ICU，不浑身插满了管子，不无可奈何地让护士说，衣服脱了，穿上病号服，躺到床上去任人摆布。那你无论生前，多么大的权势地位，我觉得那都不是高人；真正的高人，就是干干净净、利利索索地跟大家打声招呼，我要走了。那是真修行人！像孔子似的，死前七天自己知道，走的时候唱着歌，唱的什么内容大家可以看《史记·孔子世家》，这是真修为！就是人到了临死的时候，真修为假修为，一目了然，那时就装不了了。

要求我们保家卫国，战无不胜。不要以为和平是永远的；不要以为明天一定会如约而来；总有一天，我们每一个人都会没有那个明天。要趁早做准备，你要是能想清楚这件事情，很多事情不需要人教你放下，会自然放下；很多生气的事情，就不用人开导，自然就化解。“子贡方人”大家记得吗？《论语》里的话，“子贡方人”，大概就是子贡去诽谤人，或者是编排人，或者是说人短处。孔子就说，哎呀，子贡啊，你真有闲心、真有时间哪，我孔丘修为我自己还忙不过来呢，你还有时间去琢磨别人？大家去查一查《论语》里这段话。时间宝贵，毛主席说：“一万年太久，只争朝夕。”我们自己的身家性命还没处理好呢，还有时间去跟别人扯？你哪有那个闲心呢！

道德仁义礼五者一体

经过了长时间的铺垫，我们终于进入了《素书》的原文，明白了她的意义，明白了学她的方向，明白了要有什么样的德行才能做这件事情，我们才能来做。就像是应用一个复杂的机器，我们要看说明书，要知道注意事项，道理是一样的。

原始章第一

夫道、德、仁、义、礼，五者一体也。

这句话是贯通的表述。大家看五个手指头，彼此历历分明，对不对？老大、老二、老三，一直到老小，再往下看呢，五个手指是一个手掌上的，对不对？然后我们伸出胳膊、腿，这叫什么？四肢。四肢加上一个头，五个是吧？五个，好了，记住这个“五”。我们脸上有几个官呢？哪五官呢？大家都清楚。为什么还是“五”？为什么我们会有五藏呢？道法自然，天然如此。那为什么六腑会多出一个呢？多出那一个是干吗用的呢？我们不在这里解释，因为在这个课堂上讲过《黄帝内经》。没听过的，就提示一下。“五者一体”，中华文化的秘密，贯通的秘密，天理、道理、心理、伦理、生理、物理包括财理，都在这里面全部说清楚。道跟德不区分；道跟人是一体；道与义不可分，道义是一伙的；尤其是和这个礼也不可区分，说这个人无礼，怎么那么无礼，连礼都没有，这人有义吗？不会。如果不仁不义，即是无道无德。所以礼数、礼数，礼能体现出数，通过礼你能判断一个人的运势和命数。中国、中华、华夏、神州，她之所以能够源远流长，是因为我们“有礼”。我们这种“有礼”呢，会被一些蛮族利用，认为你软弱可欺。但是大家看一下，历史上这些蛮族，最终是不是被化掉？然后我们中华再一次崛起，很悲惨、很悲壮、很凄凉，但是她不会灭。这就是天道。那你说为什么那么惨？详细地分析，有他背后的道理，一切都可解释。

我们看自身，思考为什么脸有五官，手有五指，脚有五趾，身有五藏，人有五伦，天有五行，才能明白这个“五”，才能明白《易经》，天地人事物，一以贯之。这一次我偷懒了，没拿《易经》。你去看《易经》后面，关于“天数五，地数五”的介绍，仔细琢磨“天一生水，地六成之”的方位与走向，天地合起来五十五，回去仔细琢磨，没有一个人、事、物，可以逃出《易经》揭示出来的这个变动之数。如果你要是想详细地学习，那你可以去查阅邵康节的《皇极经世》和《梅花易数》。学习“易”这个事情呢，要积大德，否则会学偏。跟《素书》是一样的，就是没有德行，你光学这个术，会学偏，而且会短寿，注定了会短寿。有大德，而且为天下服务，反而会增寿。就跟那个刀是一样的道理，就看你怎么用。

《道德经》上第三十八章有这样一句话，“失道而后德，失德而后仁，失仁而后义，失义而后礼。”道、德、仁、义、礼是不是一体？道是最高的，不明道，昧道以后，那只能谈德；因为德是局部的，德失了，谈仁；仁失了，谈义；义失了，谈礼；礼呢，“忠信之薄而乱之首也”。什么意思？如果人与人之间连礼都不守了，接下来发生的是什么？无礼就是争吵、斗争、暴乱。所以“失礼而后法”，你面对的是法律；“失法而后暴”，不守法律违反法律，面临的是警察、武警、军队、监狱，国家暴力机关。整个社会，道德水准下降，法律制度、国家暴力机关的作用就会上升。感触到了吗？当道德教化的功用在上升，那么制度的功用就会下降。因为人人都是守礼、守法、有道、有德的人，他说错一句话都自责好半天，更何谈去违法呢？不可能的。“君子慎独”，天天反省，“日三省吾身”。所以《论语》起的什么作用？教人守法的作用。如果说天下大治，讲标志的话，那就是人人守礼，有道德、讲仁义，监狱几乎是空的，法官基本是闲置的，检察官大体上是悠哉游哉的。

可是你看今天呢，法官加班，检察官加班，纪委增调人力日夜在工作，甚至没有休息日。意味着什么？违法乱纪的太多了！这就是不守礼，不知道义，不讲仁义，没有道德。法律就是道德的强硬体现哪，就是因为没有人自动地讲道德，法律才会出现。从中国传统文化上来说，之所以出现这种惩罚性的措施，就是防止万一，因为假设人都是能教化好的，是万一有些人触犯了法律，然后为了公平起见，有一个惩戒的措施。

在周文王那个时代的西岐，是没有监狱的。违反法律的人是怎么处理呢？画地为牢。大家听过这个词吧？从那里来的，地上画一个圈儿，这就是牢，等着吧，等着人来处理，处理完了让你走才能走，否则的话不准走。就那一个圈儿他就不出去，你想那个人有多纯朴、多忠厚。现在有电网都能有越狱逃脱的。所以周文王他能够在西岐，通过文教，三分天下有其二，就是商代的天下，有三分之二的人内心已经归到文王那个地方，天下归心。他儿子做得更好，就是周公，在父亲的基础之上，倡行周礼，施行仁政，“周公吐哺，天下归心”。怎么来的？德行。

“法令滋彰，盗贼多有。”世界上哪个国家的法律号称最完备？哪个国家的律师多如牛毛？哪个国家的社会制度的交易成本不断上升？大家明白吗？繁荣到“极点”，接下来就“变卦”了。发展到拐点，《易经》里叫“变卦”，衰败是不可避免的。

中华文化怎么解决这个问题呢？厚积德行，她起码能解决三甲子，就是保证一百八十年不出问题。然后再有大德之人重新把这个文化的道理弘扬起来。你去看《贞观政要》，唐太宗当皇帝第二年他主要干了一件什么事，就是领着大臣听人讲课，在全国范围之内搜集能够讲经的人。你只要能讲一经，就可以到长安来，那是都城啊！领着“政治局委员”听，讲得好的甚至当场给官、给钱、给布帛，发挥长处，利用起来，国家把你奉为“师”，那叫“国学”，增设国学四百间。唐朝为什么伟大？唐朝为什么兴盛？他是有文化人哪！他是领导人尊重文化人哪！他是真的有真人在、有高人在呀！孙思邈，我们现在说唐代的，其实他活的时间有一百多年，唐以前他早就存在；慧能大师，唐代；吕洞宾，唐代；李白、杜甫，大诗人，诗圣、诗仙，也是唐代……唐代人才辈出。包括跟李世民一起治理国家的那些大臣，您看一下，有的大臣死的时候，家里面居然没钱发丧！李世民看了都哭，特意指示财政部给拨款下葬。去这个大臣家的那个道路泥泞不堪，无法下脚，那是大臣啊！什么叫大臣？用我们今天的话说，起码政治局委员吧？省委书记吧？封疆大吏吧？才能叫大臣。生活在那样的条件之下，为什么能感动得皇帝哭？有这样的人，根据天人合一的道理，一定有天下的兴盛。

还有一个有名的案例，贞观多少年我有点儿记不准了，大家可以回去查。全国判死刑的二十九人吧？辽阔的疆域之上，判死刑的就那么点儿人，那就说明天下基本上都是好人，起码没有严重犯罪的，或者很少。而且李世民做了一个让很多人替他捏一把汗的事情。古代呢，遵守《黄帝内经》里面的道理，都是秋后问斩，这大家知道。春天不杀生，夏天也不杀生，就秋天执行死刑，说秋天“肃杀”，是这样来的。所以皇帝说你们都回家，陪自己的父母，是过了八月十五，还是什么节，再回来接受惩罚。没有看着的，没有我们今天的设备，到处都是猫眼、监视、摄像头，就是像君子协定一样。结果史书记载，没有一个人逃脱，没有一个人逃跑，如期地全都回来，都知道回来那是砍头啊！

为什么有“贞观之治”？贞观之治后面有“开元盛世”，怎么来的？大家都说，那是不是有能力、凭武力才能做到？其实它的背后全都是文教，全都是文化，全都是真实的德行。这讲的就是信吧？君臣之间、军民之间讲究信吧？我相信你，那你也得给我一个回馈；我体谅你，那你做错事情了，国家有法令，按律当斩，你回去给父母尽孝。借鉴古代治国理政的成功经验，我们就得恢复这个文化教育，没有道德教育，违法者会层出不穷，所以使得我们的领导人说，“把权力关进制度的笼子”里面。这意味着什么？你自己不肯自律，那就只好他律了；你自己不肯守规矩，那上天就会让你守规矩，天代表着众人，或者是代表着最高领导层，如果有人不守规矩那就强制执行吧！这道理太简单了！但是为什么有些人就不明白呢？德治是天下大治的基础，用经济的角度来衡量，它是交易成本最低的方式。你想象一下，十四亿中华儿女炎黄子孙，全都是有道德的高人，那么法律就是一个摆设，监狱就是空的。我去南京军区某部讲座，部队营地旁边有女子监狱，政委说那个女子监狱还要扩大。犯了错误，没有人教；没有人教，就更容易犯错误，错上加错，死循环了，人生很悲惨。

所以，圣贤教育不但救我们的身命，还救我们的慧命，就是让我们聪明起来；不但把自己救了，这一生过得幸福安稳，还可以救他人。就这一句话就启发了我，我说这是中国经典里面给出的一个治理国家天下的根本定律：道德上升的时候，法律的作用下降；道德下降的时候，法律作用必然上升，否则天下大乱。当主席说把权力关进制度的笼子里面，就说明很多人的权力已经失控，不自觉了。这些人忘了当年他们在党旗之下宣誓的那个誓词，这就是你自己违反了誓言，只好自己去承担那个后果，这就是天理存在的证明。

所以《老子》第三十八章这句话是我们以经解经、理解《素书》开篇第一句话的最好的解读。“道、德、仁、义、礼，五者一体也”，五个手指头，一体也；四肢、头部、躯干，你不管怎么解读，这五者一体也；你不管怎么分，我们不还是一个人嘛！就像这个仁义礼能和道德分开吗？法律能和道德分开吗？分不开啊！那我们自己这个肢体，能和我们自己不是一体吗？他是“一”呀，所以不要着相，我们整体都是“一”，天人合一。从这个角度去体会那个“一”。《道德经》里面说：“天得一以清，地得一以宁，神得一以灵，谷得一以盈，万物得一以生，侯王得一以为天下正。”

经典就是大道

道者，人之所蹈，使万物不知其所由。

一谈“道”，好像是很高，它就是我们走的道，蹈嘛，足字旁，“人之所蹈”，你走一条什么道。经典就是大道，圣贤的话就是大道，有些人求道，求什么道？在哪儿呢？每个人本身不在道之外，可是你想错了、做错了，就把自己分离出来，就是天人分离，不是合一。

“天之在我者德也”，再回过头去看这句话，这是《黄帝内经·灵枢·本神》第八篇里面的，“地之在我者气也，德流气薄而生者也”，我们还有例外吗？没有德，谁能生出来？我们这个身体在中国文化当中，就是先祖余德，任何一辈的先祖做了缺德事，也就是常说的断子绝孙的缺德事，生不出来！所以这句话就可以注解张仲景那句话，“人禀五常，以有五脏”，你没有那个仁义礼智信的道德基础，你是生不出来五脏的。在孕育你的过程当中，如果母亲缺了这一常，你的某一个器官就有先天性的疾病。我经常说，当你瞅一瞅自己，发现自己长全了的时候，回家给母亲磕头吧！（掌声）

当我们自己能够理解中华文化是一种伟大的、圆融的，能够照顾到我们身心健康的，照顾我们千秋万代的文化，那你能不生出诚敬之心，虔诚地叩下这一个头嘛！他是很自然的，不是谁逼着。说你为什么要磕头？也有些人问，因为我讲2008年的时候我痛哭一场，他说你哭啥？哭啥？哭自己错了，哭自己过去学错了，没明白，然后你就遭了很多的罪，走了很多的弯路，受了很多的挫折，简单地说，就是不明白“道”。我从这个讲堂走出去，我能从这个桌子上踏着人出去吗？那不混账吗？对不对？不走道嘛！知“道”是什么？就是你知道这就是“道”，你就走出去了嘛！人活在天地之间怎么走才叫走正道？明白了吗？就是按照经典告诉我们的，什么事情该做，什么事情不该做，这就是大道。所以堂堂正正、光明磊落做人，就是正道。

我们这个时代很伟大，伟大到什么程度呢？若要人不知，除非己莫为。摄像头监控哪儿都是，你到大街上去，你干个什么事，也都时刻照着你，你还敢轻易地干坏事吗？我说将来自己家里面都有一个二十四小时直播的摄像头，然后你再看，都成圣人，装也能装成圣人。因为任何东西都要呈现给天下，那你还敢吗？不敢了。还有，将来也许会有一个呈现的装置，能把我们脑子里面自己想象的那个东西直播出来，直接播到大屏幕上，那时每一个人就都素心了，都成素人了，全干净了，全是圣人。你想吧，不论什么想法、什么念头，你一想，画面“唰”的一下在屏幕上就出现了，那你好意思想啊？你好意思还是什么“小鲜肉”、男神、女神地乱叫啊？那不全呈现在那上面了吗？所以这时代的科技发展很伟大。但是如果利用不好，就完蛋了。全是利用坏的方面，就走错了路，也就是互联网的作用，和金庸所说的刀是一个道理。看谁来用，用好了，为天下人服务；用不好，那你一念之差，传错一个理念，传错一个画面，百年的寿命可能就被砍成了三十几岁、二十几岁甚至十几岁的寿命。所以你看很多人死得快，什么道理？就目前的这种制度、这种科技，因为传播快、传播广，就会加速人的灭亡，那反过来积德也快。

我们通过这样的一个讲堂，把《素书》这个道理讲出来，经过出版审核程序，把讲解的内容出版出来，变成光碟，变成公开出版物，弘扬出去，传遍天下，你想在座各位多大功德？因为听的跟讲的同一功德，护场的比我们功德还大。（掌声）说是找一个地方，开讲很容易，但是不容易啊，我体会是不容易。找不到合适的人，他就讲不了啊，所以我感恩大家。（掌声）不要以为，坐在上面的会觉得自己强一点儿，不是这样。我的感触就是，坐在对面的是我的老师，喊我“老师”的人是我的老师，人家以学生的身份在检测你。就像上一节我们举例，人家夸你的时候，你心里是不是沾沾自喜？人叫你一句老师，你就真以为自己是老师啦？那不还是被挂上了吗？不还是被一锹土埋上了吗？活埋人，时间长了就被埋进去了，死都不知道怎么死的。

现在大家都有讲的机会，因为传统文化的弘扬已经成为“两办”的意见、中央的精神下发各地，成为各级党委要主抓的主要文化思想工作之一，重中之重。麻烦在什么地方？没有师资。据说“国学”师资存在一百万的缺口。突然之间的转型，哪有那么多师资啊！就像二十多年以前，我们要搞市场经济，谁懂市场经济呀？那优先出国的那一批，战战兢兢地就被扶上了权威的座位，所有的大学几乎一夜之间全都争着开办经济管理学院，合格吗？我不这么认为。今天的问题谁教的？老师教的，那老师说错了，不影响一代又一代的学生吗？目前社会问题的根源在哪里？老师、领导、家长，如果这三个群体不明理，天下大乱。

学校里天天有讲堂，天天在讲，放暑假有些时候都有讲堂，你想象一下，他讲对了什么作用，讲错了什么作用，这能理解吧？这是老师的作用。那么领导人呢，天天要做报告，台上说廉洁，退下去围着裙子转（沉迷美色），围着票子转（贪恋财富），一切的行为全都是为了位子转（崇拜权力），办公室变成了“办私室”，天下能好吗？那么家长呢，父天母地构成了那个小苗（孩子）的一个空间，我们在这个讲堂里学习的同道们一定会熟悉这句话，父亲发脾气叫天塌了，母亲发脾气叫地陷了，对吧？天塌地陷那小苗还有环境成长吗？那如果天清地宁，得“一”了，天地父母和合一体了，这个小孩儿长得不是神童，也是好娃娃吧？圣贤胚胎吧？

所以，这三种人要好，这三种人经常是三合一，“为之君、为之亲、为之师”，你看这老祖宗给我们组织的这个语言，特别精练，你慢慢地品读，就会觉得其味无穷。就这样一个道理，或者这一句话，可能讲三天，讲不圆满。但是这一句话人家说圆满了，你觉得不好用，是你自己不行，你自己不会用。所以我经常讲，赵普他老人家是谦虚客气了，说“半部《论语》治天下”，我说实际上可以

“一句《论语》治天下”。你要问我哪一句，我说如果你是个觉悟的人，哪一句都可以治天下；你不觉悟，《论语》背下来，儒家十三经背下来，天下还是大乱，你治不好。不是圣贤经典没有用，是你自己不会用。就像我经常举一个智能手机的例子，功能强大，但是你只会打电话、接电话、发短信、收短信，现在会玩一个微信，其他强大的功能你不熟悉、不了解，是这个机器没那个功能吗？不是，是你不会用。

考虑清楚这件事情，再看我们的经典，就知道能量无穷、威力无穷、方法无穷、福德无穷、智慧无穷。然后我们以后读书也不需要痛苦，拿一个经簿，每天读一句可以，一段可以，今天时间多一点儿，朗诵一遍也可以，就是你始终在线，明白吗？始终是脑子里挂着那根弦，就是有一个圣贤跟着你，在头脑里面。当念《素书》的时候，就是黄石公代表着所有道家的传承，从伏羲、黄帝一直到尧、舜、禹、老子，全都在里面。那我们就成为古圣先贤的私塾弟子，你是真传承人。不要以为我找不着他是谁，你把这个精神活化在自己的起心动念、工作、生活当中，那你就是真的传承人。

还有一种名义上是传承人，老师给你发个证书，名义上磕了头也敬了茶，反而起贡高我慢心，我是谁谁谁的弟子。你看吧，多数人很容易修假了，他不容易修成。老师一走（去世），弟子互不服气，互相排斥“他学那个东西差远了”！就你好？所以你看，总会留下一个很可惜的空白期。真干的那个人是真传承。所以什么是道？经典是道，一念清净就入道。

我们从哪里来

接着往下看，“使万物不知其所由”，我们从哪儿来的？就是从道里来的嘛！道生一，一生二，二生三， 三生万物嘛，人能是万物之外的吗？就是从石头缝里蹦出来的孙悟空，他也是万物之一。那回过头去看，万物是从“三”来的，三是什么？天、地、人。你看有没有一种事物，离开了天、地、人它能存在？那天、地、人归为“二”是什么？阴阳啊！天为阳，地为阴，人是半阴半阳，能看见的这个身体，有形体，为阴；看不见的精神、思想、能量，为阳，文化为阳。所以如果我们体会阳能、阳的属性比较多，人体就感觉轻清上浮，也就是天德在身上体会得多一点儿，就没有毛病，精神焕发，往上去，这就叫高尚（上）；那如果体会阴沉方面的比较多，那身体就长毛病呗，死沉死沉的，沉时间长了就真死，然后入土，用张仲景的话说就变成幽冥蠢物，非常可怜！

虽然“万物不知其所由”，但是《道德经》还是告诉我们了，这个奥妙就来自这个道，他是“善人之宝”。善人就有道，你说这个人“有道”，就说明这人是个好人。那不善之人呢，他喜欢有道之人，爱跟有道之人学习，他认为这是宝，就是“不善人之所保”，这是道。善与不善又分成二，二其实也是一个。《道德经》里面就告诉过我们，不善之人是善人之资，善人是不善人之师。当老师的如果瞧不起对面的人，那他就失去了师的本位，就失去了“老师”的实质。所以谦虚、诚敬、质朴、干脆，永远是心灵的本质。

第三讲

本讲主要讲解《素书》第一章道德仁义礼，作者提醒我们要走正确的、光明的大道；积累自己的德行，因为一切所得都是自己内在德行的变现；怀有一颗仁心，遵守礼数，尽自己应尽之义。

尊敬的各位同胞、各位同仁：

大家下午好！

玄妙的“道”

我们接着学习《素书》。上午讲到，道是“人之所蹈，使万物不知其所由”。由，就是由来的由、自由的由。我们每一个人在学习的过程当中，遇到这个“道”字，通常会升起一种玄妙的感觉，就是“道”到底是什么？能不能看得见？我能不能得到一个“道”？看祖师大德的解释呢，可能他说清楚了，可是我们读起来却始终领悟不了其中的奥妙，莫名其妙。这一句话说得非常准确，“使万物不知其所由”，也就是说，我们自己没有觉悟之前，不知道自己从哪里来的。你可能会说，我就是妈妈生的，我怎么能不知道自己从哪里来的？那追着往下问，妈妈从哪里来的？妈妈是姥姥生的，一代一代地追下去，你说有没有人的第一个祖先？我们第一个祖先从哪里来的？所有的生命、生物从哪里来的？好像没有什么令我们能够懂又令人信服的答案。

《道德经》里面给了我们一个答案，上午我们提到过，就是所有的万物由道所生，可是他没说道生万物，他是说三生万物，然后三由二来，二由一来。我们讲了三，可以具体为天、地、人。然后再往下追，天、地、人的共同点，也就是阴阳的区分，那阴阳如果合一的话，成为一个整体，可不可以称为“一”？就像我们观察自己这个肉身，如果你仅仅把它看作一个可见的有形的物质，那你只是看到了阴的一面。阳，你看到了吗？我经常问，考没考虑到身体的活体和尸体有什么区别？它一定是有个区别，所以古代的老师经常骂那些修学不上路，或者不肯听教的学生为“守尸鬼”，就是谁在守你这个尸体；骂那些没有灵魂、不走正路的人为“行尸走肉”，这挺可怕的，尸体要会走的话挺可怕的，那一块肉要是会走的话也挺可怕的，那有些人呢，其实每天都是这样。

到底“一”是什么？那道又是什么？一呢，不可言说。庄子讲：“既已为一矣，且得有言乎？”都已经归一了，还有什么可说的吗？接下来他又说：“既已谓之一矣，且得无言乎？”你已经说一了，就意味着有二呀，有二就意味着有三哪，就繁衍出万物。所以当年我在这些逻辑当中，翻过来调过去，就追寻这“道”到底是什么。然后明白，其实不用找，每一个人都在道中，没有分离。“可离非道”，是《中庸》里面讲的，“天命之谓性，率性之谓道，修道之谓教”，经文好背，理念里面的实质好不好懂，能不能真实地体会到，就不容易了。

天道与人道

有人讲《大学》读明白第一段，人道就通了；《中庸》读明白第一段，天道就通了。按照我们上午的分析，天、人、心是一体，那天道和人道有区分吗？本质上没什么区分，都是同一道所生。明白了这一点，才能进入中华文化最核心的部分，就是你能改变自己的世界，换句话说，你能决定自己的天、地、人事物。“天道无亲，常与善人”，你做对了，自然地就在转化，你可以说是天转化，但实际上是您自己转化。所以，上天因其人而笃，你有什么样的内心，就会呈现什么样的世界；有什么样的内心，就有什么样的人生境遇。根本就不需要求人，而且也找不到别人的毛病，所有这一切，对于明白人来讲都是甘心承受。孔子是公认的圣人，居然有“在陈断粮七日”这种所谓的不好的境遇，那你说孔子犯什么毛病了？释迦牟尼佛大家也都知道，他是大觉者，也有马麦之报；老子作为周代的守藏吏，有没有人对他不敬，鄙视他、打压他、诽谤他，我们无从知晓，不过，显然也不是一帆风顺长成的。

就现在学习传统文化来说，我的观察，批评孔子的人很多，批评老子的人很少；批评《论语》的人多，批评《道德经》的人很少。到底为什么是这样呢？我就想，很多人说老子有道，老子的道哪，是那些批评的人难以企及的；而孔子的境界好像就谈一些人间事、入世的事，所以他就似乎觉得自己有两把刷子，总想跟人理论理论、较量较量；孔子才活了七十三岁，那老子不知道活了多少岁，一两百岁，几百岁，各种说法，不知所终。

而我自己有一个原则，就是只要让我听到这个人对孔子不敬，这一辈子，除非让我发现他彻底地改过自新，否则的话，没有一点儿机会跟他做朋友！（掌声）如果对一个两千多年被历代先祖圣贤都证明过这是值得尊敬的圣人，他仍然出言不逊，那你想一想，我算老几呀？你跟他做朋友，他能把你看在眼里吗？他能平等相待吗？他所说的一切是不是花言巧语，没有真诚心、没有恭敬心，那这样的人值得做朋友吗？所以道不同不相为谋。我们是同胞不假，血液里面都有远祖的基因不假，但是不是同道呢？未必啊！你走你的道，我走我的道，通过言语就能看出他走哪一条道；他不吱声，那你看看他的行为，行为暴露了真实的内心；他坐在那里不动，那你就看看他的相貌，人只要一睁开眼睛，整个的精神世界就透露出来，是藏不住的，就看到人的内心，也就是阳的那一部分。

所以整个世界如何去观察，你是看到“一”的层次，还是看到“二”的层次，还是说都看不清，决定了自己的福德，怎么去应对。所以“道者，人之所蹈”，我们每天都走，每天都在做，但能不能回光返照，照一下自己现在的所思、所想、所作、所为是否合道；是否正确；是否是良性地引导着自己的人生，向着一个光明的大道在发展；还是说念念之间卑鄙下流，就是决定于自己啊！所以心念，就是一个转关。

德者得也

德者，人之所得，使万物各得其所欲。

《易经·坤卦·文言》上面讲“地势坤，君子以厚德载物”。如果读懂了这句话，就能够看清楚这世间的一切际遇现象，看清楚一个人在物质名利上一切所得来自哪里。没有德，你就得不着。所以古代对这个德的解释就是“德者，得也”，前一个德就是这个道德的德，后一个得就是得到的得。背诵《素书》第一段，大家都能体会到，他是“观音法门”，几乎就是同音或者是相近的音，去解释这个关键的“道德仁义礼”这五个字。那“德者，人之所得”，就是你内在德行外化为你的境遇，无论是物质的还是精神的。

我们在上午给大家看中华文化的构建原则的时候，其中一条就是

“一切所得都是自己内在德行的变现”，也就是说，你所有的外在所得，都是内在德行的物化。还记得吗？所以内心没有那个积德在，在外面，你无论构建多么精密的制度，你无论是在哪个名牌大学拿得经济学的学位，你想赚钱能赚到吗？不可能，顶多赚一点儿当下劳力的辛苦钱。而你所谓梦寐以求的那个“大钱”，不会来，因为内里没有，内在没有。凡是能够有巨量财富的，您看一下他的相貌，看一下他的人品，看一下他的德行。从相貌上呢，我曾经说过只有马云是个反例，其他的那些大富大贵的，在相貌上总能找出他有大贵之处的那种相貌，是相对应的。

马云的富贵在面相上能不能解释呢？也能，这是另外一个议题。你就想一下，他那所谓的十八罗汉也好，十八位高管也好，都是有头脑的人，对吧？有头脑的人能够被人轻易地洗脑吗？不大容易。但是为什么就跟着他从杭州干到北京，从北京又杀回杭州？就为创办阿里巴巴。就是他内在一定有一种精神，打动了其他人，他一定有一种品质，让人值得相信，才会干。

就像我们现在，比如说我是汉族，不是少数民族的话，我们大部分的同胞也都是汉族，我就问，“汉族”这个称呼从哪里来？从汉朝来的，大汉嘛！秦统一以后，秦统一的时间短，汉的时间长，而且汉文帝的德行感得天下归心，所以我们就从华夏族改叫了汉族。那对于我们这些汉族的同胞来说，我们自己在考量这件事情的时候，注意的是什么？它是从哪里来的？从汉文帝的德行上来的，感得天下。那再往前推，你说汉是刘邦建立的，汉文帝是被大家称为有德行，刘邦在当时很多人看历史，说刘邦就是个小亭长，而且习气呢就像流氓，对于那些大臣呢呼来喝去的，就是他不像是一个“望之似人君”的人。怎么解释这个事情？那我们看史书，当时很多的将军大臣为什么会跟着刘邦走，那大家想过吗？他一定有他过人之处。《史记》上写着刘邦的相貌非同一般，丰隆饱满。我们后世的人常说，一看他的相貌，就知道是可以做皇帝的相貌。

到后世有更明显的例子，清晰地被记录下来，就是有一个虬髯客。大家看过梁羽生的小说，就会知道有《风尘三侠》这本书，其中有个虬髯客，胡子长得很长。他也了解中华传统文化嘛，在镜子当中端详自己，就认为我是可以做国王的，可以取天下的，他认为自己可以当国王。可是后来呢，太原起兵，出来一个叫李世民的，也很有名。他就问他的师兄，是我能得天下还是李世民能得天下？他师兄是一个道家的隐士，就是高人，他说没见过，你请他来嘛！师兄问能请来吗？他说可以。师兄弟两个人装着在那儿下棋，托朋友请李世民来。离着还比较远呢，他的师兄将要落子的时候李世民出现，道士用眼睛余光看到了李世民的相貌，棋子放到那儿说，不下了，天下不是你的。你说这个对比（差距）得多明显？

当时，很多能够征伐天下的大将军，见到李世民之后就老实了，据说有的将军都不敢正眼看他，就是那种英武之气逼人不敢直视，怎么形成的？德润身。英武也是一种德行上的获得。那你说李世民也缺过大德，玄武门之变，杀了兄长全家，对家庭内部来讲太惨了；可是对于国家来讲呢，有巨大的贡献。所以唐代兴盛有赖于他，但是李世民自己短寿，也是自己应该承接的后果。仁者寿嘛，悌道大亏，不仁吧？不义吧？无礼呀，五者全伤了。他后来积德，国家太平、强大，他才能活那么一个岁数，刚过五十吧，短命啊！按理来说修那么大的福德，那他得像黄帝一样，轻松过一百多岁还得身体健康。你说悌道这一亏，挽回不了啊，他积那么大德，才那么小的岁数。这是讲从相貌上可以判断运势的一个引申。那个虬髯客他看错了吗？没有。据说过了不长时间，在今天的朝鲜那个地方，有一个人统一了朝鲜，自称为王，叫高句丽。打到那儿去了，他确实做了国王，但是是一个小国的国王。然后这个地方呢，到现在也不太平，拿着中华文化当作自己的文化，动不动就要申请一个世界非物质文化遗产。他们说李时珍是他们家的，汉字也说是他们家的，最近要申请什么针灸啊还是什么的标准，要申请为他们的物质文化遗产，被我们相当多数人鄙视和忽弃的中华优秀传统文化，人家都在争、都在抢。

反正是我发现，炎黄子孙呢，觉得自己家中的宝贝有的是，拿去一两件，也不在乎。堪舆学的标准是不是在他们那里？我们现在重不重视？堪什么？堪天文地理，堪阴阳，堪场能。里边有所谓科学因素，它不是说硬往上靠，它本身就是啊！只不过现在的语言体系跟古代的语言体系是两个，如果你不能很圆融地转换，就理解不了经典所表述的那个实质，和现代科学论文里面所表述的那个实质，就变成了格格不入，形成两张皮，好像科学是一回事，中华优秀传统文化是另一回事，这就学差了。

积　德

我们是透过文字得到自己想要得到的那个东西。说到这里，大家是否感悟到，即使学习好也要积德。为什么学习好要积德呢？你就看怎么能学习好？你说脑瓜聪明，那聪明人多了去了，成绩都好吗？不都好。为什么不好呢？都一样的脑袋瓜啊！那就是学与不学；学是不是专心；专心是不是能持久；持久是不是还有灵性，能够不被书本所束缚，读出来；读任何一本经典，如果你被它束缚住，那还不如不要它，这是孟子说的，会害人呢！我们现在看一下，学生很可怜，只会做题，不会做事，不会做人。而经典里面，实际上是教我们如何认人、如何识人，那间接地就告诉我们如何做人。

明白了这一点就是积德，而积到厚德，那你想要什么就有什么。你在专心致志学习的时候，是不是就符合了尧舜禹相传的心法？“唯精唯一，允执其中”。我们集中精力的时候，答试卷的时候，两个小时一晃而过，对吧？三个小时一晃而过，那就是在积德，专心致志啊，你没有浪费生命。但如果学习的内容是经典内容的话，这个德积得就大了。所以福德是由现世积来的，你就能够看得见，它能够把祖德激活，否则的话埋藏那里面得不到。所以“德者，人之所得，使万物各得其所欲”，你还要有激活的方法。在专心致志学习的时候，改变的是自己的时空，如果不专心，就会扰乱自己的气机。

人的大脑对能量的消耗，至少是体力劳动消耗的三倍，所以脑力劳动者如果不好好地保养、运动、练功，会死得快。因为消耗能量太多，能量就那么点儿，早消耗完早拉倒。《道德经》里面的话就是“不道早已”，如果你不合道，就会早一点儿结束，就是这个意思。那人到四十，在古代来说，有一次添油续命的机会，就像那个灯，油快着没了，再添一碗，还能再燃烧很长时间。我们自己这个生命也是这样，如果一开始没有传统文化的传承，活了三四十岁，造（挥霍、浪费的意思）得差不多了，开始掉头发，皮肤开始干枯，然后开始睡不着觉，记忆力下降，一转眼就忘事儿，皱纹出现，事业还无成，想一想，很多闹心事。如果能够有幸回到中华优秀传统文化当中，无论儒、释、道、医、武哪一个传承，都强调这个德，儒家讲德那不用说，道家讲德也不用说，实际上各家都是如此。

钟离权，就是汉钟离，问吕洞宾学不学仙？回答说想学。汉钟离说学仙要做三千件善事，要教他点石成金的方法，吕洞宾就问，石头变成的金子，那能不能再变回石头？汉钟离说五百年以后还会变回石头。吕洞宾说那不害了五百年以后拿着这个金子的人吗？我不学。汉钟离说学仙需要积三千件善事的功德，有这个基础才能学，就你这一个善念抵得上三千件善事！所以这也是相对论，不要执着，一定像会计那样把这个账算清楚，不是，你一念至诚就可以圆满。所以汉钟离才传他道法，这是道家的，一样讲德。

佛家讲不讲德？讲德呀！那医家呢？看看孙思邈的《大医精诚论》，医德是我们挂在嘴边的词汇。练武的要讲武德。哪一家能离开了这个德，都没有。离开了德，什么都得不到。没有德，单单得到技术，单单得到功法，是一件灾难性的事情，这个人通常就是早死早亡，而且还不是正常死亡。

仁——儒家修行最高境界

仁者，人之所亲，有慈慧恻隐之心，以遂其生存。

还有一个版本是“以遂其生成”，两个都可以解释得通。

“仁”在《论语》当中被视为儒家修行的所谓最高境界。那有些人马上这种分别心就来了，《道德经》里面是道德仁义礼，显然道家比儒家要高，是那样吗？不是。孔子也谈道，“吾道一以贯之”嘛；“大学之道，在明明德，在亲民，在止于至善”，曾子也谈道；那子思说“天命之谓性，率性之谓道”；孟子讲“得道者多助”；也就是说我们“四书”的这四位主角，在儒家里面都谈道，都传道，都行道，都证道，都明道，都悟道，都了道。

为什么孔子会在《论语》当中那么多次谈“仁”呢？而且很多的弟子问什么是“仁”，他的回答都是因材施教。颜渊问仁，孔子一个回答；子贡问仁，孔子一个回答；子路问仁，孔子一个回答。所以现代很多研究《论语》的学者，说孔子自己也没说清楚到底什么是仁，这是胡诌八扯！孔子每一次都清晰地解释了什么是仁。按照现代的这种研究方法，以为这个概念是唯一的一个概念，就是以目前的这种执着的、分析式的方法，逻辑式的方法去看，所以他无法开悟，他不理解，更不理解什么是因材施教。面对那个时空，面对那个学生，不同的人，你要用不同的语言给他解释清楚，这是孔子教学最如法的地方，也是中国的教育学最精彩的案例。所以这个仁在《论语》当中和道德是化为一体的。就像我们今天有很多概念、实质，属于题中应有之义不需要提，是一样的。这个能清楚吧？在孔子那里，你不需要去谈道谈德，是很自然的事情。

而且，有仁心的人，会让人感觉到有一种亲切感。我们可能会有这样的体会，就是有一个人，你莫名其妙地喜欢他，愿意亲近他，愿意跟他接触，自己有好东西也愿意跟他分享，但你不知道为什么；而有一些人哪，他可能长得也不错，不管男孩女孩、男人女人，你就是讨厌他，就是不喜欢他。如果你自己心地很干净，那你会把这些个念头化掉，心里清楚；如果还没修到位，你产生这种分别，那你就要注意了。注意什么呢？对方如果跟你没有任何实质性的接触，你就是觉得好像场能不对、频道不对、频率不对，那意味着在生理上、物理上，你们身体运作的那个物理频率是两种不同的存在。我不知道说没说清楚，就是一个场能，如果它和谐的话，天然地就会融在一起；如果不是这样的频率的话，它是不能够融在一起的。在一块儿你就觉得心不安，不知道为什么，就是觉得难受、不舒服、不自在，离开就好了。

仁心决定人的能量

每一个人都有能量啊，那个能量很大。从原子核考虑你就知道，把它打开里边能量巨大，只是我们不会，也不知道。但是任何一个人在起心动念的时候，都会形成一个场。这就是南怀瑾先生说，他们几个弟子总是喜欢在虚云大师周围打坐，觉得舒服，那个磁场就是属于良性的磁场。古代的堪舆学说，找的就是这样的磁场，它很物理、很客观。就是天地阴阳的力量，各种物体形成的那种场能，要很顺畅、很和谐，这个地方就会使人感觉到舒服。如果从大的环境上来讲，这个地方的山川充满着灵气，那出的人物也是人杰地灵。人杰和地灵是相对应的，地气好就会出好人。就像我们种地，这是太明显的，这个地方如果说土壤肥沃，长出那个苗就黑（指土壤肥厚的作物长成墨绿色）、就壮、就挺、就坚实；如果贫瘠，你看那个苗就瘦弱，颜色就发淡、发黄、瘦小、羸弱、干枯，道理是一样的。

这是能见得着的，见不着的是什么？厚德。你念念之间在这个世界上念着别人好，你每天的工作和生活都是为别人服务，你的福德就会越来越厚。别人不知道为什么，但是会觉得你是个好人，然后很多事情就出现在你的时空当中。比如说需要帮忙了，自动就有帮忙的出现。体会过吗？这种事情你自己印证一次，心里明白以后，就知道了，就是“古圣先贤不余欺也”。这几年我遇到的这种情况太多了，心念一动，帮忙的就出现，人家也不求回报，帮完之后，走了。甚至有些时候就在超市里面，盯着这个东西，到底买哪一个呢？就有人旁边指一下，告诉你“这个好”，说完一闪身，人走了。

“人之所亲”，这里面含义深广无边，打开来就是天人合一，就是你内心真的柔顺、慈悲、真诚、至诚，就能够感通。子思在《中庸》里面说：“诚者，天之道也；诚之者，人之道也”，你悟明天道，然后自己去做，就是人道。人成，什么成？道即成；人成，佛即成。太虚大师闭关，出关以后写偈语，这是原话。所以不要学偏了，学得神道道的，脱离本位，还不干活，那都学差了。把人做好了，你想成什么，就能成什么，能清楚吧？神仙是人做，好人是人做，坏人是人做；魔由人兴，妖由人兴，道由人成，别学歪了，别听糊涂了，别被人迷。最关键的是我心能明，这是慈，就是希望你过得好，给予欢乐是慈；悲呢，是拔苦，把你从痛苦当中拔出来，为悲；慧呢，智慧，有了它，会有一切；恻隐，类似同情，同情共感；全是心，“慈慧恻隐之心，以遂其生存”，“遂其生成”，都可以。还有一种说法，是“慈惠恻隐之心”，慈悲地给予，也通顺。就是你见不得别人受苦，愿意去帮助他，这是有仁心。不要以为我们开篇一讲，“各位同胞、各位同仁”，你以为是没有实质内容的客套话，“同仁”这一个词里面也是深广无边，就是你是不是有仁心，非常非常重要，它决定着你的能量级别。

美国现在有一个博士，发明了一套指数体系，来衡量人的觉悟程度，大家看过那个文章吗？好像叫大卫·霍金斯博士。按照他的理论，人的能量指数如果是两百以下，这是很凄惨的生活，就是争贪、搅扰、自私、阴暗，反正都不是好的事情。当人的觉悟指数超过两百，往上去，那就是一个光明的前途。我按照他那个能量表指数一看，我处在两百五。这是两年前，当时就很高兴，我终于达到二百五。（笑声）达到五百的人是“完全超越物欲”，指数七百以上的是孔子、老子、释迦牟尼这样的人物，他定义为七百以上。他认为他在当世见到的一个活人达到七百以上的，就是印度的那个修女特蕾莎嬷嬷。她进入南斯拉夫的战场，双方一听说特蕾莎修女进去了，双方停火，等着她把妇女儿童抢救出来，双方再开打，她就有那么大的力量。她自己唯一的电器是一个手电筒，穿着最朴素、最土的衣服，没有鞋子。以至于戴安娜王妃跟她握手以后，感觉到极其惭愧，因为她穿的是很高级的白色高跟儿鞋，而对方是一个没有鞋子的修女。她感动了全世界，颁给她诺贝尔和平奖，不是有一个奖牌嘛，她看那个东西是金的，就问主办方，“我可不可以把它卖掉”，卖了钱做善事。然后据说是根据她的提议，诺贝尔奖晚宴取消，省下的钱做善事。（掌声）这是活的示现，她的能量场就是七百以上。她去世的时候，各国元首争着为她抬棺。

那我们呢，我们刚才说，人一接触你，就觉得心难受，说明你的能量场绝对是两百以下；如果你能给人一种安稳，那至少是一个二百五往上的。就是你慈悲、友爱、觉悟、喜悦，各有各的指数，大家可以看。他用不同的颜色，不同的指数来衡量，很客观啊！这和我们以前所说的，不同的修行人到不同的境界，会产生不同的光波、能量场是一样的。就像尹关长，早上起来修炼的时候，望见紫气东来，就知道一定有高人来了，等着吧！看见一个老头慢悠悠地，胡子老长，耳朵很大，骑着青牛就来了。跪下磕头，“子将隐矣，强为我著书”，留下了《道德经》。“紫气东来”呀，说明老子修行非常高。我在大学期间跟老师学气功，老师告诉我说能修炼到紫色的，那就说明是可见光最高的。可见光的光谱，紫外我们看不见，这个知道吧？我们上午说红外的我们能测出来，就说我们能量场很低，温度很低，你那三十六七度的体温用物理仪器一测试，你就是一个红光，红色的，说明你温度不高。能够达到紫色，说明这个人的能量很足、很高。所以，希望大家也都能修炼到“紫气东来”，这是一个物理现象、生理现象、自然现象。不是说你看不见它就不存在，不是你看不见就不能理解。尤其是下午的时候，有人因为讲得还不够精彩，就更加犯困，一犯困，一看你那个光，就是由亮变灰、变暗。在我们的课堂上困了就可以睡，不要硬挺着，休息几分钟再起来，又光亮复原，就是那个能量又来了，是可以看见的。所以人体非常非常地精密，精密到什么程度，我们自己往往不了解。

我是1997年大学毕业那年看到自己的气是什么颜色，我才知道“气”真实存在，那个时候才升起一点儿恭敬心：噢，中国的传统文化里面有神奇的宝藏，你不要一言打死，赶紧去学，这才慢慢地、慢慢地上路，这几年才稍稍地有那么一点儿体会。必须自己去做！所谓体会嘛，用自己的身体去明白，而不是臆想，去妄想。身体明白了，能够做到，这是真的。

我们自己了解了这个道理，就可以去感受，为什么我跟他在一起的时候，我就觉得舒适、舒服？为什么另外一个人不行？但不要因此就生嫌恶心，那我跟他在一块儿，我就觉得难受，他这人不行。你考没考虑是自己不行？有这种可能啊，你自己不行的时候，你跟那个正的能量场不相匹配，你就觉得不舒服，而对方没什么感觉，能化掉一切。我们看一个好的老者、长者，真是能够感受到“德润身”，气场祥和，感觉舒服，确实是这样。所以，有信心来修，那他就是有一颗仁心，简单地说，就是“人之所亲”。你可能不明白我为什么对他要亲近，是所在的这个身体，那个物质的频率、物质的能量场，自然地跟他和谐共振，才产生的自己的这种感觉。

仁是什么？一个单立人，上面一横，下面一横，这就是三才啊，这个“仁”就是天地贯通。汉字里面，上面这一横是表示天的，底下这一横是表示地的，中间这个人，也可以说天地之间空明一片。那你是什么？你不通达嘛，顶天立地，不就是光明磊落嘛！所以有仁心一定是光明磊落的人，不但是为自己，想得更多的还是他人，这样你就会对其他人的生存、成功有帮助，有良性的引导作用。

尽自己应尽之义

义者，人之所宜，赏善罚恶，以立功立事。

这个“义”，讲起来就更加细致。到什么程度呢？可能我们花这两天的时间来解释这个“义”，都未必能够解释得圆满。比如说做女儿的，如何孝顺父母，如何相夫教子，就太详细了；做领导的，你的本义是领好这一个单位，让每一个人不出事，合在一起大家还干成事。然后你的属下没有人违法，你的学校没有学生被开除，你的老师没有违反国家法令的，容易吗？这是应该尽的义务。要注意！当领导的，在你的单位，当老师的，在你的班级，每一个成员，每一个学生，都是你其中应有之义，就是教好他，带好他，引领好他，他出现了问题，你有一份责任。

我小的时候就听家长讲，周围很多老师的孩子不成才。等我自己上了大学以后，我就觉得这个违反天理啊，老师教别人家的孩子，为什么他自己家的孩子不成才？在正常情况下，因为你把别人的孩子教好了，天理循环，你自己的孩子一定会有人去教，一定会有好的机会！但为什么没有？琢磨了很长时间明白了，是因为做老师的亏了义。这个义一亏，我们再回想一下医圣张仲景给我们揭示的那个“铁律”——“人禀五常，以有五藏”，义对应着哪一脏？肺。大家记不记得现在哪一种癌症排第一？肺癌。为什么？除了PM2.5，就是现在的污染对肺有伤害，因为天天呼吸嘛；还有就是这个亏义，自然环境污染和自己的伦理行为缺失结合在一块，导致它成为癌症里面的第一杀手。一旦出现这种病情说明这个“义”亏得太狠了。因为义跟五行当中的金相对，金是什么？肺之精华。当你亏了它，也就是说亏了天、亏了道、亏了德、亏了仁，伤及肺金。伤及肺金的结果，就是让自己的肺脏出了毛病。不光是得癌，各种肺病，或者是说皮肤病，肺主皮毛啊，毛发脱落，皮肤干枯，都从这个义上有亏。因为其中因素太复杂，你起心动念十分迅速而杂乱，作用的方向，十面八方，五伦当中各种关系全都有，所以病症显示的也很是千奇百怪。但一言以蔽之，就是这个义没做好，亏得严重。

我们每一个人都要从这一点上去考量，在马路上遇到一个人，人家向你打听道路，如果没很好地给人解释、告诉清楚，就亏义了，就是你作为人亏义了；然后你作为一个男人，面对一个女孩子，跟你毫无关系，咱都不管她是不是露肩膀头子、露肚脐眼儿，还是穿什么性感的衣服，自己一个念头错了，你就亏义了。仔细想一想，我们念念之间就开始对自己的身体能量进行杀伐，不光是某一藏啊，五藏六腑全都受伤。天天地要么保护它，促进它生长；要么就是杀伐它，让它得病。

所以要问自己什么身体状况，你先把自己脑海当中的图像在屏幕上回放一遍，如果有搞这种电脑传感和人脑生理之间关联的学者，你要能发明出来脑子里的想法瞬间成像这样的仪器——上午我们提过这个事情——功德无量！因为怕暴露自己的不良想法，他不敢想，就克制住了。像戒烟、戒酒、戒赌毒一样，把病源去掉，这就是治未乱，治未病，是好事啊！包括我们今天讲经典，把这个道理从根儿上跟大家说清楚，就明白了有些事情绝不能做；有些事情竭尽全力也要做到底。这就是明白人的“义”，应该做什么不应该做什么，非常非常地细致。做下属的，领导交代一句话没给执行好，亏义了；做上级的，发出指令不清晰，亏义了；做婆婆的，没有很好地对待儿媳，亏义了；那更严重的，作为晚辈、作为儿媳，没有好好地孝敬婆婆，这亏得更严重，不但伤及自己，还有可能伤及自己的孩子。五伦当中，像手机一样，无线联系，不需要通过那种看得见的电线，就把人的健康、运势连在了一起，发动者就是你的念头。

做适宜之事

“人之所宜”，大家看这个“宜”字，“宜”字为什么这么写知道吧？它是一个象形加会意字。“六书”，汉字造字法，这个大家都知道，对吧？什么象形、指事、会意、形声……家字头，也就是宝盖儿头，表示“家”，里面是一个“且”，是不是？有没有知道这个

“且”甲骨文里面它是个什么字？原始的意义是什么？它表示阳物，就是男根，再说明白点儿就是男性生殖器，象形的，慢慢地演化成方形的，大家能明白吧？这个字意味着生殖器露在家里面是相宜的，到家外面就是不合适的。姐姐的“姐”，女字旁旁边跟着这么一个“且”，表示年龄大的女子先成家，先看到男性的阳物，她是姐姐，排在后面的是妹妹。因为我们先祖都是生殖崇拜，墓碑的原始意义据说也是这个意思演化来的，从汉字造字法上来说这就是相宜。也就是说，有一些行为必须在家里面做，出去就不对了，这是宜，合适的意思，这是符合本义。你做错了，就会在身体里面留下病症。为什么有些人的病他不好意思讲？基本上怕丢人，或者有羞耻感。但是明白中国传统文化的人，他让其他人回避，他才能跟你讲。所有身体上的现象，全是自己心行的结果，没有例外。只不过有的表现得明显，积累得时间长；有的还没表现出来，正在累积。那你知道了中华文字的密意，就知道自己的行为该怎么改，做到相宜。

“赏善罚恶”，做对了就有赏，做错了那就有罚，很自然的，天理如此，人间的法律也是如此。天理谁罚你？自然。就是这样的一个规律。因为“同气所感”，我们最后一段大家背了一大堆“同……”是不是？你只要相同，只要符合这个，它就呈现出这样的病症，或者这样的德相。所以只有两条路，对一个好人来讲，只有一条路，没有别的路可走，就是一条大道，就是一条为善之路、为公之路、光明之路。只要是离开了这条道，就是邪路。所以正道只有一条，大道只有一条。

“以立功立事”，宜，做不到，那你做事情的时候总有违缘，总有不如意的事情来干扰。为什么出现？老子说过：“福祸无门，唯人自召”，那再想一想他的话：“天道无亲，常与善人”，太明显了！所以我认为如果今天上午我们所做的讲解，你要是能接受、能理解，那么《素书》等于讲完了。其实最关键的就一句话，“道德仁义礼，五者一体也”。能明白这一句话，你就能明白我们是四肢加躯干，合在一块儿的；五官整体合成一个面庞。能从这一观，观下去，你就知道为什么全体合在一块儿是“一”，众志成城为“一”；为什么尧传舜、舜传禹，一定告诉他“唯精唯一”。那个“精一”你能不能把握住？而且要“允执其中”，不要离开。就是人永远要在道中，要在道上，要和天相合，和天时相合，就那样简单。

健康福德男　端庄有相女

礼者，人之所履，夙兴夜寐，以成人伦之序。

“礼者，人之所履”，履，鞋履，就是踩的、践行的、遵循的、遵守的。“夙兴夜寐，以成人伦之序”，序，秩序；人伦，规矩。通过什么来体现？礼数。按照我们现在看到的，过去，早上子女要到父母房中请安，跪下磕头；后来呢？就是请安就行了，不磕头了；现在呢？管你起不起、安不安，没了礼数。无礼这件事情就麻烦了，无礼，那有义吗？有仁吗？有德吗？有道吗？都缺了！这一缺，缺得惨。

我在我们校园当中，没事我就走一走，然后看对面的男孩子、女孩子，那都是我的师弟、师妹们。到其他学校去，有机会的话我也这样看，看什么？看福德，看他的相貌，看他的精气神。我讲《黄帝内经》的时候好像提到过这件事情，就是你能看到一个十八九岁二十来岁的女孩子，呈现出那种真正健康的面若桃花的面色，几乎就没有。是不是河北有一个刮痧挺有名的高老师，听说过吗？就他说的，现在小孩出生的时候，胎中那些脏物有的都不会吐出去，给孩子进食，应该是一定要等到他把那个胎毒排完了，才能够进食，否则的话，就永远在身体里保留下来了。只有排净了，婴儿才能再吃人间的这个食物。按照这种做法做到的，就是孩子把胎毒排净，口里的脏物吐出，以后呢又不受寒，然后培养出来的孩子，才是那种类似艳若桃花的、粉中透红、白里透红的健康颜色。否则的话，你看，都是泛暗、黄、黑，不正常，可怜哪！

看古书说，我们孕育后辈、后代，生孩子要生“健康福德男，端庄有相女”，我就琢磨这两句话，“福德男”，什么样的“福德男”？大概就是形容像刘邦那种脸型，丰隆饱满，别看他品行上有人说就是个亭长，流氓习气，但是他的相貌好；然后女子呢，应该长得漂亮，而且是端庄，她不是弱不禁风像林黛玉那种，不行，没福。有些女孩子长得漂亮，但是不端庄，所谓的妖娆、妩媚、性感，都不是什么好兆头。还有，有些现代人就喜欢那种骨感的，皮包骨头，衣服架子，就喜欢这样的，也是没福的一种表现。

我们唐代那个时候呢，受杨贵妃的影响，喜欢丰腴肥美，但她是福相。她本来有福，可是迷了君王，导致天下大乱，这种人没有长寿的，没有好死的，全都是早死，不是正常死亡。美国近代的那个梦露，大家想一想，她也很可怜，到底是有病死的还是被谋杀的，现在也是个谜。她年轻的时候就缺了一点点钱，大萧条的时候找不着工作，然后一个摄影师就让她拍裸体照，她开始也是心有不安，摄影师把自己的夫人请过来，去安慰她。这都是些奇葩的事件，怎么能干呢？拍了一组裸体照，报酬是五十美元。然后在前年吧，当年的这组照片，拍卖六百万美元，还在污染人间，还在祸害人间呢！

所以我就劝一些女企业家、女领导人，我说你单位要有职位的话，你优先录取三种人，这件事我在讲《管子》的时候说过一次，那么现在讲《素书》再说一次，就是以下三种人优先录用：一是贫穷的人；二是没学历的；三是漂亮的。如果有女孩子全部符合这三个条件，你赶紧把她招到你的单位，招到你的企业当中，给她一个工作机会。让她们靠自己的本事改变命运，不给有些女人因为穷困逼迫走错路，比如说被包养，干涉了别人的家庭，那是家庭破裂，导致天下大乱的一种基本原因；再加上漂亮，就更加容易惹这些乱子。所以符合这三个条件的，拯救她，就是拯救一个家庭，至少可以挽救一个家庭；拯救她，就是给未来培养一个好的母亲，就是给我们国家培育好的母亲，这对企业来讲，是一个积大德的事情。

守　礼

男企业家也可以做这件事，但是你要立志，不要帮人帮出麻烦来，没有志向，这件事情做不了。所以要守礼，男女有别，要守礼，然后才能有人伦之序。想其“老者如母，长者如姊，少者如妹，幼者如女”，端身正意，把天下的男女之事处理好，那么人伦就端正了。你要是觉得这些都能够做到，然后你身体不健康，你的事业不发展，你找我算账。（掌声）我为什么敢这样讲？因为我体会到如果这东西错了的话，中华文化就倒了，经典就可以扔掉，就会有人说这不是骗人吗？不好用留着干吗？我观察，一定是好用的，从古到今都是好用的。

女子守礼，还有麻烦，我在讲《中国传统管理学述要》的时候讲过，女子有八种行为，让男的神魂颠倒，歌、舞、笑、睇、容、止、触、礼。唱歌唱得好听，哎呀，“此曲只应天上有，人间能得几回闻？”所以一听着女人好的声音，男人容易鬼迷心窍，色心就起来了；如果不唱歌，但能跳舞，舞女身姿曼妙，这男的魂儿都飞了；“回眸一笑百媚生”，魂魄直接就给摄走了；那个“睇”我学不上来，古书上描述的目字旁加上一个弟，大概就是不正眼看你，斜着眼睛勾一下，反正是那被“睇”到的男人魂又不在身上了，正位就不居体了。邪淫嘛，他肯定不正，心要正，不会怕这种事情。歌、舞、笑、睇，接下来是“容”，就是打扮嘛，“女为悦己者容”，现在呢，管它悦不悦己，有些女人的心里是想着天下人都喜欢她才好呢，好像是这种心理，也许我猜错了，小人之心；接触就更不用说了，为了规范男女的伦理行为，古代规定了很多规矩。还有一种，就是这个女子彬彬有礼，教养非常好，有的男的就受不了这个，一看到她，这就是他的菜，就想要这个，也是惹麻烦的事情。

所以你要想在这个人间做一个素人，上午我们不是说嘛，穿素衣，吃素食，做素人，就是读好书，读干净的书，做干净的人，很不容易。你不知道他会产生什么样的想法。南怀瑾先生在讲道家修行功法的时候，提到过这件事情，他说，到一定程度，很多人看白骨架子他都觉得性感，那真是没办法的事情！就是他心念不正，你确实对他没有办法，不听教啊！人救自己最好救，靠别人救，那太难了。

所以守礼，要把它当作如护眼命的事情来看，不要轻易地突破。你说我定力强，试着试着就出麻烦，你后悔来不及。不要从一开始就把自己定义为上根利器的人，别以为自己什么事情都可以把握得住。所以你看我，我就基本不上网，网络上引人入邪路、耗费精神的内容实在太多了！我上网顶多是看一下邮箱邮件，就是“没那个弯弯肚子，不吞镰刀头”，东北的土话，不接触就好了。别人对你有非议，不要管；说你装，也不要管；你装一辈子，就装真了呗，装到死，那还能说是假的吗？也就是说每天所履全都依礼而行，一定能够成事情，就是你所想要建设的事情，不管多么艰难，经过怎么样的曲折，都能够成功。

时间到了，我们休息一下吧，下一讲接着来。

谢谢大家！

第四讲

作者通过《诗经》、《易经》、《管子》中关于“礼”的讲述，让我们懂得明理是根本，然后积德才能物化，进而知礼；贤人是不争的人，是懂得正确道路、成功道路的人；《素书》的学习，珍惜国内的安全环境，树立文化的自信，建设好我们的国家。

尊敬的各位同胞、各位同仁：

明理　积德　物化　知礼

我们接着往下学。上一讲讲到这个“礼”，我刚刚想起在《诗经》里面有一首诗叫“相鼠”，不知道大家有没有印象。“相鼠有皮，人而无仪！人而无仪，不死何为？相鼠有齿，人而无止！人而无止，不死何俟？（俟，是等待的意思）相鼠有体，人而无礼！人而无礼，胡不遄死？”遄呢，大家都知道，快速的意思。在《礼记》当中，孔子就引用过第三段，就是说人要是没有礼的话，你还不赶紧死去，活着干吗？这话说得很过瘾啊！这首诗读来让人有一种快意恩仇、痛快淋漓的感觉，“人而无礼，胡不遄死？”人不知礼，还不快点儿死去，还等什么呢？

《诗经》是距今至少两千五百年以前的作品，“诗”在中华文化里面是“方寸之言”、“寸土之言”，也就是心之言，你心纯净了，自然流淌出来的东西才叫“诗”。后世的祖师悟道的时候说出来的话，自然地都是诗。你就明白诗不是硬做出来的，或者是硬生生地堆砌出来的，它是我们自心觉悟、智慧到一定程度，心灵干净到一定程度，自然地流露出来，就是那样的语言。将近三千年以前，我们的祖先讲，人要不讲礼的话就别活着了，赶紧收拾收拾去死吧，就有这样的严重，你想这个礼有多么重要。

我们看《易经·序卦传》里面有这样一句话，“物蓄（储蓄的蓄），然后有礼，故受之以履”，我们就想这些词句都哪里来的呢？回过头去再看一下，“礼者，人之所履”，然后再对照着《易经·序卦传》“物蓄，然后有礼，故受之以履”，同一个词吧？那《易经》显然是在先。《素书》里面的词，尽管说黄石公是秦朝出现的隐士，他讲述的内容就一定是秦朝的吗？很可能就是远古传下来的嘛！所以在古代都是学习传统文化，老夫子是这样，那道家的人物也是这样，都不例外，就是“信而好古，述而不作”，代代传承，传承的是同一精神、同一心法。当物质丰富到一定程度的时候，然后就有礼，“故受之以履”，你看这个顺序，谁把它的前后逻辑一句话说清楚了呢？是管子，他说“仓廪实而知礼节”，“仓廪实”就相当于物资储备，储存到一定程度，就是“物蓄”，仓廪实嘛，堆满了，然后知礼节，就是有礼啊！如果人没有吃没有穿，为了活命，这种地方就容易出土匪，抢、偷、盗；可是还有一种人呢，已经有很好的房子、很好的职位、很好的薪水，在人间吃、拿、卡、要，想方设法把公家的变私有的，这种人是什么？比“相鼠”还不如。

现在我们就能够明白其中的这个逻辑关系，“仓廪实而知礼节”是中国经济学当中一个比较根本的定律，但是只强调了一个方面，就是圆环的一半儿。“仓廪实”怎么“实”的呢？我们讲了是“厚德载物”。仓廪里面不管是谷子也好、麦子也好，还是说国库里面的银子、铜、黄金，也就是财富，全都是物化嘛！首先，厚德积累，然后才能物化；物化到一定程度，人民知礼节。根本上来讲，他讲的是后一半，就是物质积累到一定程度，人们反过来明理；可是最根本的，是你先要明理，然后积德才能物化，在此基础之上，更加追求礼节。

我们现在看一下目前中国的教育，我太太两年前就告诉我，她说，你以为你当年从农村考到城市里读大学，好像是挺容易的，她说现在农村孩子再想跟城市的孩子比拼竞争，比你当年不知难了多少倍！这个判断让我很吃惊啊，仔细想一想，她说的有道理。现在我们城市里面的这些孩子，他的见识，他所享受的教育资源，他所在学校的师资队伍，学习机会，真是要比农村、县城里面的好太多了！那怎么比？比不了，越来越有差距。可能国家教育部，各个著名的大学也注意到了这种差距，我就看到北京大学等一些学校，有专门的贫困生计划、西部计划，专门招收农村那种贫困学生。

在国家行政学院讲座的时候，我们住在行政学院里面的宾馆，房间里面都有以前国家部委的领导讲座之后形成的书面讲稿。我看到教育部一位副部长在谈到教育扶贫的时候，就提到优先地把一些好的教育资源、好的招生名额直接拨付到贫困地区，跟城市里的孩子不形成同台的竞争，否则的话，这些贫困地区的孩子永远没有出路。他们想知礼节，他们想明理，想有好机会学习，但是没有条件，那只能国家用转移支付的方法，用专门拨付教学计划安排招生名额的方法来解决。

万象归一

下面这一段话很重要：有“履”就意味着有道，因为明理，而知言行、举止、进退的规范。“履”中有礼、有义、有仁、有德，故有道，是五者一体。有履就是有道，所以五者一体。

夫欲为人之本，不可无一焉。

哪一个能缺？哪一个都缺不了，缺一不可。泰戈尔写诗说：“在生命里，一化万象；在死亡里，万象归一。”好像是《飞鸟集》里面的。那万象归一，对于中华文化来讲，还有更高明的一个表达，不是说死亡了就可以万象归一，你觉悟了，你就会证到万象归一。就是《道德经》所说的道生一乃至于万物，当你明白万物所生，其所由来，就归到本性上，归到道上，就恢复到本来。但是如果着相，就看不清楚了，就有分别心。分别心就是你看这个人鼻子是鼻子、眼睛是眼睛，但是单独拿出一只眼睛，你能看出是谁吗？单独拿出一个鼻子，你能看出是谁吗？单独拿出一只耳朵，你能看出是谁吗？整体凑在一块儿，活灵活现，分开，不可以，所以缺一不可，“不可无一焉”。

这是为人之本，就像脚上长着五个脚指头，手上长着五个手指头，它为什么一分叉都是五呢？你看我们这位圆圆的脑袋，上面长的器官叫五官，五官里面形成了七窍，眉毛分开，眼睛分开，鼻孔分开，有人说这是坤卦，三个阴爻是坤卦。有没有道理我们可以慢慢地琢磨。但是一分开就是五种，五种类别，手指头五个，脚指头五个，我们整个这一个人身，分了五个方向，就是上肢、下肢，还有个头连着躯干，还是五。所以天数五，地数五，“一”化成五，五行。你说有长六指儿的，那就得做手术去掉了，那种情况不是正常的发育。

智　信　勇　强　和

道德仁义礼，我们简单地说了一下，我在后面补了五个：智者，人之所知（止、治）；信者，人之所任；勇者，人之所用；强者，人之所壮（作强之官）；和者，人之所乐，生生之本。

“智者，人之所知”，也可以说“人之所止”和“人之所治”，里面蕴含着无穷无尽的方法和智慧；“信者，人之所任”，信任，这个词在我们今天变成了一个不可分割的词汇，信任，古代单独就是信。《黄帝内经》里面说，“所以任物者谓之心，心之所存谓之志”，能够相信你的人，都能够替你承担一定的任务；“勇者，人之所用；强者，人之所壮”，在《黄帝内经》里面，《灵兰秘典论》人体十二官，肾是什么器官呢？“做强之官，技巧出焉”。人体健康的根本在于肾，肾好则身体好。一切病症几乎都可以归结为同一个症状：肾虚血瘀气不足。如果一个中医懂得使用人参或者西洋参、冬虫夏草、石斛、三七来调制肾虚血瘀，再用川穹行气，按照现在这个时代的中医水平，差不多可以是“国医”的水准。原因只有一点，抓到根本了。用毛主席的话说，就是抓到了主要矛盾的主要方面。

我自己体会呢，一个人的脑力、记忆力、觉察力、分析力都是由肾精形成的，就是在后脑这个部位。如果你连续脑力工作三个小时以上，就会觉得这个地方发木了，好像转不动了，那就赶紧休息。从生理上来讲，这个地方为髓海，脑髓嘛，往下来它是中空的，跟着颈椎，里面有骨髓与髓海相连，通着胸椎、腰椎、尾椎，里面那个能量是最宝贵的精华物质。思想卑鄙下流的人（在上古时代不是骂人话，是描述身体精华物质流淌的机制和方向），就会把这种物质变成体液，排出体外。下部不够了，那就是命门、腰椎、胸椎里面的骨髓能量顺次递补，往下面流。不就等于往下漏嘛，胸椎不够了，颈椎往下，因为是联通的，最后，小脑，就是后面的这个脑，本来应该是一种莹润的状态，可是，主人老把那个精气、精髓下流，小脑就变得干枯萎缩。

如果一个人邪淫太重会怎样呢？有一个人说过一句狂话，形容自己以前的放浪生活，“没有鲍鱼不吃饭，没有女人不睡觉”，真事儿啊，后来得了小脑萎缩。当他说自己病症的时候，我还不知道这种联通关系，看了《黄帝内经》，想一想人的骨头中间都是什么样的结构，就知道，为什么有这样行为的人小脑会萎缩。但是这件事情未必是数学上的充分必要条件，不可轻易逆推呀！你别碰到一个小脑萎缩的人，你就说卑鄙下流如何如何，那人家会揍你的。

这说明人有邪思会造成某种症状出现，而你看一下我们的生理结构，就能感知。广成子告诉黄帝的那是真正的宝贝，就是“必清必净，无劳汝心，无摇汝精”，别一天天地瞎想，瞎寻思，心里一定要清净。如果你做不到，就像我，我就做不到，那你要走正道，怎么办？就找一件正事，逼着你天天没有时间去瞎想，所有的精力几乎就消耗在一件事情上，慢慢地就把自己拯救了。所以，我不是看书，就是写书，要么出书，就干这点儿事情，福薄也能慢慢积一点儿，所以我对我的老年还是蛮乐观的。（笑声、掌声）强壮嘛，做强之官，一开始不强壮，涵养元精、元气、元神，也会做强、做大，慢慢变得强壮。

“和者，人之所乐，生生之本。”和，五伦顺转，一片和气，一片空明。那把脉的时候呢，看不着你的五行哪一行的气能够显示出来，脉是和脉。我跟王永民先生学习把脉，就谈论这个和脉的问题，他跟我讲脉象里面是涩、是滑，为什么有些人疙疙瘩瘩的，都是自己内心呈现的现象，脉象也是心呈现的现象，所有心念的影响都逃不出去。人一乐，这个机制就开启了先天运作的模式，整个身体细胞就处于一个风和日丽的状况。细胞也是有独立生命的，你自己生气的话，体内所有的生灵，都跟着遭罪；如果进入美美的打坐的那种舒适状态，那所有的细胞、组织、器官、系统、经络、骨骼、皮肉，全都处于一个“德润身”的滋养状态。人和自然的能量自然沟通，每一个器官都得到涵养，也就是不缺德，这就是德相的由来。由内心发动，这是自己决定的。

“生生之本”，可以把自己救回来，可以生发新的生命。所以我也安慰自己，以前熬夜，以前做错了、想错了，怎么办呢？承认好了，然后洗心革面，重新做人，还有新生的希望，还有人生的下半场，乐观地对待，可以把这个剧本写得好一点儿。我就想如果我到六十岁退休了，那可能悠哉游哉过着一种中国古代所提倡的道家的生活，所以我也特别地梦想着我能领一百年的退休金。（笑声、掌声）贪，是吧？道家的一个道长，武当派的，大我两轮（二十四岁），他跟我讲，我们不是贪，现在很多人对中华文化没有信心，我们争取活个一百二十岁，让大家看到我们就对中华文化有点儿信心，所以也不是完全为自己，为大家的同时，自己也乐呵乐呵而已。

什么是贤人

贤人君子，明于盛衰之道，通乎成败之数，审乎治乱之势，达乎去就之理，故潜居抱道，以待其时。

要注意，他说的是贤人，什么是贤人？我们开篇就说了一下，儒家里面指还没成圣的修行人，是跟君子相提并论的人。贤人呢，观其音，“闲”下来的人，不争的人，不与人争，那与不与时竟呢？那你自己决定。贤人就好像没什么事，没什么事的人用《道德经》老子的话说呢，以无事取天下，“及其有事，不足以取天下”。

你想象一下，如果这两天手头上有必须要处理的事，你看一看你的心境是什么样的，安不安宁？吃饭是不是香？睡觉是不是沉？你的天下是不是安宁的？有摇头的，那就说明还是不行，对吧？“及其有事，不足以取天下”，这老子说得太对了！你无论做什么事情，要想让自己的那个世界安宁，一定要心中坦荡，无有挂碍，一旦内心老是纠缠着一件事情，一测脉搏肯定是过快，血压偏高，指标都不正常，别人看你好像是眉头紧锁，忙忙叨叨，不在状态。

“明于盛衰之道”，做到了这一点，人是一个什么样的状态呢？就不再瞎忙，“有一种愚蠢叫瞎忙”。每天都感觉到时间很紧，忙啥不知道，没有意义。我们上午论证人生只有两条路，对于贤人君子来讲只有一条路，也就是说对于想好的人，只有一条路可走，没有别的。不是盛就是衰，那物盛则反，物极则反。有的人就把自己的书斋命名为“求缺”，不求圆满，也不希望大盛，平平常常、平平安安、平平淡淡就好。这也是一种觉悟，明于盛衰之道，是盛还是衰，这两条路，是好是坏两条路，是善是恶两条路，就知道怎么走，决策就很清晰了。

“通乎成败之数”，实际上是一样的，这几句话就等于是从不同的角度，反复地来说明。“通乎成败之数”，要细讲起来这个数是什么数？就是易数，易经之数，易理之数。凡事皆有数，上一次我们在这里讲《黄帝内经》，讲过人的生命是有数的，从五十岁开始，五脏开始衰落，还记得吗？第一个衰落的就是肝脏；六十是心脏；七十呢？脾；八十呢？肺。我们提到八十的时候“魄离”对吧？魂魄的魄，魄离，结果叫“言善误”。肺金受伤，魄离开，这个人经常说错话，口误就特别多。所以我们当时提示，一旦自己的老人过了八十岁，他词不达意，说话说错了，不要怪他，那是生理现象，不是他有意为之，是因为肺金、肺气已经衰落了，魄已经离开，所以说话不清楚，言善误。最后一个九十肾精、肾气衰落；那到百岁，五藏皆衰，就剩下一个衰老的空壳儿，一百岁的时候，随时就可以走了。

一切都是有数，你要想算得准，可能我们在座的有以后时间特别多的，就想做一个邵康节那样的人物，那你就研究一下《皇极经世》，没事推演推演，这脑子多活动还不容易衰老，不容易得老年痴呆。还可以演绎一下《梅花易数》，你自己试，为啥自己试呢？就是别嘚瑟：见到一个人就说我给你算一下啊，你明天中午吃饭坐在哪个位置，吃几碗饭，你对面是男、是女、是谁……别搞这一套，那消耗自己的精气神。你就是自己玩，逗自己乐，找一个营生，然后慢慢地去印证、去悟透。等你观明白天下这些事情，你就会发现，提前说破也没意思，就像我知道两百年以后我一定是不在了（笑），那你算他有什么意思？没啥意思。到今年冬至那个时候一定是一阳生的，不用你算，挂历上都写着，老祖宗早就推演完了。所以“通乎成败之数”，很多人根据经验、根据历史、根据我们这个易数，一看你那状态，不用推，大体上一瞅，估计你这个三五年还是七八年，是该发展呢还是该拉倒，都说得很清楚，看德行就知道。

如何赚钱是天下最简单的学问

中国的企业十几年以前的数据，平均的寿命两年半，或者说一个品牌的寿命。就糊弄，一锤子买卖，赚了一点儿钱以后，就开始以次充好，以为消费者全都是傻子。但是他不知道，消费者有些时候心里清楚嘴上不说而已，他是以钱来投票，我下次绝不买你的。我就是这个习惯，比如说，我前一段时间给老人买樱桃，刚刚上市。挑好一种，他说五十块钱一斤，我说好，我就要这个。他两手一戳，上面摆的都是又大又好看的那种，底下藏的不能说歪瓜裂枣吧，反正品质是不一样的，就给你装到袋子里。我一般买东西呢，不注意这些，回到家里一看，不整齐呀！就是卖家的品质有问题，那下一次，我决不会再到他那儿去买。形成口碑是非常重要的！另外一个卖西红柿的小伙，凡是买过一次的，大家都说好，所以都到他那儿去买，哎，他的那个生意就越来越好，稳定的客源。你想这个很难吗？一点儿都不难。说如何赚钱，是天下最简单的学问，就是如何赚钱啊，最简单的学问！

研究经济学，我从1993年进入东北财大，到现在，我认为如果有来生，我不学这个学问，我干点儿其他的营生，为什么？它太简单了。但是我现在明白这个简单呢，是经过了多少年的苦读也好，用功也好，才知道的。简单至极，可是做起来需要时间，不能拔苗助长。你说小孩子长得快，他也得十几年才能长成人吧？到十八岁，要捺得住这个寂寞。

“审乎治乱之势”，又来这个宝盖头儿或者家字头儿，里面一个申；如果去掉宝盖头儿，旁边加上一个“礻”，那就是神，对吧？所以你在家里面，用通达天地的那种智慧琢磨事，这就是“审”。看治乱之势，“治”，那当然是管理得好，有条理，“乱”，没条理。我们说来说去，那你看我们当今的中国是要大治呢，还是要大乱呢？（听众答：大治！）对呀！很清晰呀！把腐败铲除，这就是国家将兴之兆，从来如此，越严格，越有功德。

包括我们在座的各位同胞，这几天遵守讲堂的戒律，认真地照规定去执行，就是功德无量。（掌声）这就是为自己积累福德，这就是忍辱。如果你不是张扬，不是把自己的意念放射出去，别人让你怎么办，你就柔顺地听从，你自己慢慢地观，如果你总能做到这一点，你看看你的身体是不是改了，你的命运是不是改了，包括你的家庭关系是不是转化了。就是不去计较这条规矩合理不合理，他咋对我那样呢？你看没个笑脸，不去计较这个；你只问自己：心地是不是干净了，自己的脸上有没有笑容，说的话是不是圣贤语言的重复、圣贤语言的弘扬，如果说这几个问题回答下来一连串的“是”，那么不用问，你的将来一定好！这就是答案，这就是你给自己铺的道路，这就是已经上道，已经入道，已经得道，将来你明白了，就是悟道，最终就证道。

珍惜维护建设好我们的国家

我们十几亿人现在住得好、吃得好、玩得好，甚至学得好。我们的烦恼是有太多房子卖不掉；我们的烦恼是，今天吃点儿什么？什么都吃够了。十年前，我们一个校友回学校去接着读硕士，跟我讲，工作以后这些年，除了老虎没吃过，全吃过了。这是讲吃和住。行呢？满大街全是汽车。发达吗？我们的高铁全世界称雄。我们走过弯路的大飞机项目，20世纪80年代初期的时候被人通过反间计，收买了我们那个决策者，导致这个项目晚了几十年。但现在呢，我们国产大飞机C919已经下线，重新进入航空市场，即将和波音、空客三足鼎立。

这是中华崛起的又一象征啊！飞机跟导弹是不一样的，当年就有人问钱学森，你们造不了飞机，那怎么能够造导弹呢？他的意思导弹比飞机还要高级嘛，就是你们的工业体系不足以支撑啊。但钱学森回答，导弹射出去不要它回来，击中目标炸了就可以，就是那钢铁的精密度不需要那么高；那飞机不行，飞机是你给送上去，还得平安地让它回来，这个我们一时做不到，工业体系不足以支撑飞机产业，钢铁质量不过关，得慢慢地做。现在能做到了。最关键的是，每一家的孩子，都有求学的机会，不伟大吗？然后现在党中央提出来“精准扶贫”，要让七千万贫困同胞在五年之内脱贫，这不是人类发展史上的奇迹吗？就快实现了！容易吗？当一个有着十四亿人口的大家长容易吗？那我们不但不维护，还要说风凉话，还要怀疑？我们不但不尽力，还要扯后腿？我们不但不使出自己的浑身解数去建设，还要跟着国外的某些论调去吆喝？去诋毁我们的政府？诋毁我们伟大的党、伟大的国家、伟大的民族？这真是莫名其妙！这不是数典忘祖吗！

中国的文化传到今天，是天良的体现。你看治乱之势怎么看？看人心，看主流。这么大的国家、这么多人，要说没有问题、要说没有毛病、要说没有缺陷，那我也不相信，就夫妻两个人的小家还矛盾不断呢，更何况十几亿人的一个大家？要净挑毛病的话，那还有好吗？圣人都能挑出毛病来，因为你眼中就有毛病。转念一想，我们就生活在一个盛世的关头，无比幸福。（掌声）

那接下来的选择就很清晰了，“达乎去就之理”，你是留在这里建设，还是移民走人？“去就”，“去”是离开，“就”是靠近。很多人移民，我说你让我到国外去瞅一瞅，浏览一下，学习一下，我很乐意。你让我对着对方国家的国旗，拍着《*Holy Bible*》（《圣经》）去宣誓我要效忠你的国家，那我做不到。你要加入对方的国籍，你是要面对着那个国家的国旗、《宪法》宣誓的，这是常识。所以我们现在中国经典经济学专业如果要招生，首先一条，祖孙三代必须是中国人、中国籍、中国血统。中华的优秀传统文化，我们不维护，谁去维护？你自己不争，没有话语权！听别人说，说我们的历史只有三千七百年，谁告诉你的？作为一个中国史学家，说这种没有良知的话，不是没有良知啊，连知识都不具备！这是真实发生的事情，简直胡说八道！孔子为什么要杀掉少正卯呢？孔子复生今天还要杀人，不是一个人，是一批。所以我们留下来建设，我说爱谁走谁走，我们留下来在故土上建设国家，而且我们有信心把她建好，建成一个全世界人民都想移民来的国家。（长时间掌声）

我们讲《素书》，就是希望能够把我们的传统经典彻底地激活，为我所用，为国家民族所用。经典不是用来背的，不是用来沽名钓誉的，是拿来用的，是用来建设伟大盛世的。可是如果你不行出来，不做出来，人们没有信心，看不到希望，看不到它的利处，那得不到益处，你也不会去做呀！所以，一旦有机会听闻，就有责任，在座每一位责任巨大。因为在你的时空世界里面，跟你接触的所有人都要受您熏陶，你都有义务把自己所了解的真正的中华传统文化的精神，传递给他，让他清楚。每一个人都从一个文弱的、自私的、不关心国家民族命运的人，变成一个坚强、坚定的战士，这才是民族未来的希望。（掌声）

2014年6月，在上海嘉定体育馆有一场讲座，是上海域内首届传统文化论坛，是任老（任登第教授）他们，还有中华民族团结促进协会时任秘书长给我打电话，让我去讲的。提起嘉定这个地方，我就充满了敬意，看一看那段历史，“嘉定三屠”这四个字，可能会震惊大家的感官。清军入关，杀到江南，你看那个地方柔美、柔和，但是江南人有骨气，每一次看到让我落泪的就是，当地的妓女同胞都不投降，以先死为荣，宁可战死，也不屈从，即使你打死我，我也不投降。每一次被屠城之后，仍然有人起来，继续组织反抗。但是，可能是时运、国运不济，未能成功。天道运转我们不大完全理解。三次屠杀，几十万人血流成河，没有投降的，这是什么精神？这就是我们生生不息的民族精神！你打死我都不投降，剩下一个女人也要战斗，哪怕她社会地位很卑微，被人瞧不起，但是，面对侵略，她是一个战士！如果发现她们的骨灰，你能因为她当年在社会上活着的时候卑贱而不磕头吗？知道历史，体会这种精神，经史合参，我们才能明白，这个民族历经苦难，走到今天确实是不容易。

分享“六天”

那么明白了这个道理，怎么做？“潜居抱道，以待其时”，不要轻举妄动，你明白道理，抱神以静，潜居抱道，等着，等着时机，以待其时。一旦到了你发挥的时候，那就不要客气，当仁不让，尽己所能，就是贤人君子。平时就是修，涵养自己的性情、道德，厚德载物嘛，就等一个可施展的机会，等不到怎么办？等不到，那就是“没身而已”。但是等的过程当中怎么做呢？这“六天”分享给大家。

第一“天”，就是保天命。“潜居抱道，以待其时”，“天命之谓性，率性之谓道”，这是《中庸》开篇的话，所以首要的保天命。我们这个命，用《孝经》的道理说，身体发肤受之父母，岂敢毁伤？做过父母的都有那种体会，小孩子一旦闹毛病，那就是说，恨不得替他得这场病，替他去遭这个罪。我们能不保护自己的身命吗？保命就是尽孝，从国家的角度来讲，你就是为国家保存了一份实力。保自己的天命，储存下来，不光是你的灵魂意志是忠于国家、忠于民族，自己的身命就是这个国家的能量，国家要有战斗力，要有人，所以每一个人都要保护身命。保护自己的精气神，要多学道家的功法，还要常常练；多学《黄帝内经》，才能知道怎么保，有规矩。

第二“天”，得天时。天时、地利、人和，看一下勾践的故事，就是范蠡辅佐的越国反吴，一定要等到天时、地利、人和三者具备，才能反攻，天时不到，“潜居抱道，以待其时”，就是等。时机不到你就是达摩祖师，也得面壁九年去等，要捺得住寂寞。

在大连有人还问我，孩子找对象怎么办，学了传统文化，想找一个好媳妇儿或者想嫁一个好人，也得等着啊！就是你真心地去做，别瞎忙，诚心去求，感无不通，“至诚则感通”啊，孟子说的，这是圣人的话。你这意念一定要清晰，就是心里一定要清晰，我就想娶一个什么样的女人；我就想嫁一个什么样的丈夫，你心里要绝对地清晰，甚至写出来。然后去做好事，为人民服务，不求回报，机缘慢慢地就给你捋齐了，就是那个月老也很敬业，慢慢就把那根红绳给你拴上了，捋到头，你就找到他，这是“意中人”的秘密。我的解释只能这样解释，所以别着急，要捺得住。

第三“天”，固天机。固是巩固，“天机”是什么？我有一个很独特的解释，我没发现有其他老师这样解释过，所以讲错了还是我负责。我认为“天机”就是我们身体跟天地阴阳运转过程当中产生的那个能量发动，它可以化成体液排出来。这说清楚了吧？所以“天机不可泄露”！它原来是指不能把天地自然产生的能量泄出去，不可排出去。所以不要动不动地就“卑鄙下流”，把自己的脊髓、脑髓流空，使脑子不清楚，这叫固天机，也就是固本培元。天机是什么，大家要真正地明白。

第四“天”，顺天然。天然本来的样子要随顺，我们抗拒不了。就是你想象一下，我们是生在地月的系统，在太阳系当中，它的力量有多大？我们是随着它运转，在宇宙时空当中，随着整个宇宙的运转在运转，我们人时时刻刻跟天体进行着能量的交流，那你不顺它，你跟它顶着干，只有一条，早死、早衰、早亡。

第五“天”，明天道。这个不解释，因为解释也解释不清楚，必须体悟，就是自然规律。

第六“天”，积天德。“天之在我者，德也”，就用自己这个肉身去行道、去积德，就是做好事。人家问路你要说清楚；人家求帮忙，能帮，就搭把手；不能帮，存好心，安慰一下，关怀一下，就是力所能及地去做。

说到这儿，我就想起学雷锋的事情，因为我写过一本书，这两年一到三月五日的时候，我就经常被请出去，讲讲雷锋精神。就是“雷锋叔叔没户口，三月里来四月走”。一到三月份，敬老院就开始忙乎了，忙着接待，一天七八拨，十来拨人，都是来学习雷锋的。见着老大娘就扶，见了院就扫，非得要给人洗脚……平常干吗去了？你关心关心他关心的事也行，有些人，你就是陪他聊会儿天儿，或者他说你就听着，这都是对他最好的疏解和关心。你抱着自己的想法，我要给他什么样的关怀，我非得给他豆油、给他大米，他不缺那个东西。你要关照到他的感受，包括孝顺父母也是啊，要关照到父母的感受，不能强行地以自己的意念，“我是对你好”，那你可能让人感觉到难堪、难受，反而是缺德而不知道。所以积天德，就是让别人感觉到舒服、自然，这是积天德。能够做到这一点，我觉得要想改变命运，要想成就事业，要想有善终，庶几，差不多了。

我们时间也差不多了，休息一会儿，下一节再来。

第五讲

我们要善于等待时机，等到天时运转到那个时刻，顺势而为，自然而为；时机不到，慢慢涵养。本讲进入“正道章第二”的讲解，重点讲述三种英雄人物：人之俊、人之豪、人之杰，作者强调中华文化是知行合一的文化，要努力践行，做不到，说得天花乱坠也是假的。

等待时机

提提精神，我们接着往下学习。在《孟子·公孙丑》里面有这样一句话，“齐人有言曰：虽有智慧，不如乘势。虽有镃基，不如待时”，讲的就是时势的重要。“故潜居抱道，以待其时”，就是一定要等到天机到了、天时到了，那个势起来了，借势而飞，伺机而动。它的意思就是说你智慧再大，你不如趁着这个势来做事；你的工具再先进再好，你不如等待春天的到来，古代农业社会嘛，你要想耕地，大冬天的就到土地上去耕作，它也长不出来苗，所以一定要等待这个时机，非常重要。

若时至而行，则能极人臣之位；得机而动，则能成绝代之功。如其不遇，没身而已。是以其道足高，而名重于后代。

“若时至而行，则能极人臣之位”，时间不到你就做，叫事倍而功半；可是时机到了，顺着这个势头而起，“极人臣之位”，那就做丞相了；“得机而动”，天机到了，“能成绝代之功”，绝代之功就是冠绝百代，最好的、最大的；“如其不遇，没身而已”，如果遇不到这样的机会，怎么办呢？就是优哉游哉地抱着道而眠，长眠，就是死掉。没有机会，没机会就没机会，拉倒就拉倒。这相当于是什么？你拿着一个宝贝、一个工具、一个东西，没有施展的机会，那就不施展。有些工具需要你施展的时候，说明出了问题，不施展反而好。

“是以其道足高，而名重于后代”，有的版本这个“名”是明白的“明”，反而这个名字的名更容易被人理解，“名重于后代”，就是后世的人都知道其名。

“机动”这两个字，在汉语当中，它的原文出处应该就是来自《素书》。机动财力、机动部队、机动安排、相机抉择，都是从这里面推出来的。

那两条道路，一个善一个恶，一个强行而做，就是时机不到，也努力在做；另外一条道路，就顺势而为。《易经》上告诉我们这是《乾卦》的“潜龙勿用”，该藏着的时候，那个阳能藏在地下就不要动。什么时候来呢？就是天时运转到那个时机，自然就生发。

我们看现在的大地就能够很清晰地看到，当上一年的秋天来临的时候，树开始收，万物都开始收，掉叶子，能量往地心聚集。所以冬天的时候你发现井水反而比上面的要温和，里面不那么寒凉，就是热量收到里面去了；反而夏天的井水里面是凉的，就是热量放射到外面去了。

通过这个物理现象你能知道我们身体的变化。冬天的时候人体内部能量聚集得强，所以冬天的时候你吃一根雪糕，好像是说不犯什么大毛病，这能理解吗？因为内部的阳能很强，也就是说你吃一盒什么冰激凌还算凑合，要比夏天吃强。夏天吃为什么不行呢？因为里面是虚的，元阳外越，能量外散，里面空虚，消化能力不强，你突然吃进那么凉的东西，身体立即收缩，立即调动能量去温化它，平衡体温，所以这个寒气就包在里面了。

我们现在的生活，总是在杀伐阳气，把我们人体的阳气杀伐得不能够让我们坚持活到百岁，就早早地把能量消耗完了。《易经》里面的“龙”，一种解释就是阳气，所以潜藏的阳气不要去动它，就这个意思。那用以经解经的方法，我们回想一下《黄帝内经·四气调神大论》里面，“冬三月，此谓闭藏。水冰地坼，无扰乎阳”，就是《易经》里面的“潜龙勿用”，如果用这种解释，它俩正好相对，就是阳能潜藏在里面。

包括在人身上的应用，今天晚上就可以用。为什么要睡子午觉呢？下午三点以后能量就开始收了，那晚上九点以后就进入藏的状态。阳气藏在体内，你不但不去保护它、维护它，还到外面去赶饭局、唱卡拉OK 、泡夜总会，就是“潜龙强用”，这就是“不道”，不道早已、早衰、早亡、早死。所以晚上要很好地保护自己的阳能，那最好是九点钟预备睡觉，九点半睡着。你说我有活计要干，那三点钟起来。您试试看，从十二点睡觉，睡到早上六点和晚上九点睡觉，三点起来干活，都是睡六小时，比较一下，看看谁活得时间更长，谁的生命质量更高。

中国古代先祖已经把这件事情给我们实验过了，道理已经揭示过了，这是《易经》“潜龙勿用”的道理。那《道德经》第六十四章上说，“为之于未有，治之于未乱”，这和《黄帝内经》上说：“圣人不治已病治未病，不治已乱治未乱。病已成而后药之，乱已成而后治之。譬犹渴而凿井，斗而铸锥，不亦晚乎？”同样的道理。有病再治就晚了。早点呢，贤人君子，看经文前边，贤人君子是什么样的，“审乎治乱之势”，坐在家里就能知道是治是乱，早已经判断清楚了。那后面就可以“为之于未有，治之于未乱”。我们今天所做的工作就是要“为之于未有，治之于未乱”，采取先机，那么“名重于后代”是顺其自然的结果，大家都可以做到这一点。

你说我年龄大了，我都退休了，我还哪有那个机会了。那姜子牙早年的时候，“贩猪猪贱，贩羊羊贱。猪羊一起贩，猪羊一起贱”，干什么什么不成，所以他的媳妇儿封神的时候叫“扫把星”。就从她那儿来的，就是丈夫干什么事什么不成，不发家。那他老人家八十岁以后这才拜相，辅佐文王、武王成就大业。所以不晚哪，如果人生活一百二十岁的话，那我们现在还有七八十年，至少六七十年还要做吧？完全来得及。就看你有没有道、有没有智、有没有慧。尽孝嘛，做一回人、做一回子女，那为啥不好好地行一次呢？你说我都退休了，退休正是自己干事的好时候。

人之俊

第一章说完了，我们看第二章，很容易，就说了三种人：第一种人，“人之俊”；第二种人，“人之豪”；第三种人，“人之杰”。我念了多少遍，我也没区分出来“俊”跟“豪”哪个更好，“杰”跟“俊”哪个更亮，没搞清楚。

正道章第二

德足以怀远，信足以一异，义足以得众，才足以鉴古，明足以照下，此人之俊也。

俊杰、豪杰从哪儿来的？从《素书》这里来的。“俊”原来排在第一位，后来我们都说“英雄豪杰”，这个“俊”好像不大提了，慢慢地跟“英俊”组成一个词汇了，跟“英雄豪杰”离开了。但看一看这个定义，一共五条，第一条还是德，强调的还是德。“德足以怀远”，就是这个德修到什么程度？让离你很远的、不是你地域之内的，甚至让国外的人都愿意移民到这里来。德要小了，做不到这一点。

我们上午举的例子是周文王，凭借自己的德行，还没等革命呢，就把商家的天下“三分天下有其二”了，大部分人都崇敬他、恭敬他。而且当时发生了一件事，就是有虞、芮两个小国，因为土地的问题争论不休，最后听说文王是有德行的人，决定去找他评评理，断一断，该怎么处理。结果进入西岐的地域，两国国君就发现这个地方跟别的地方不一样，人人谦让明理，就是普通的小民都谦让有礼，没等见到文王呢，这两人就受感化了。就是你看看人家，普通的民众都这么文明，这样谦让，这样有道德，我们俩因为一块儿地分不清楚，丢人不丢人？所以两人没等找到文王就回去了，这是三千年前的例子。文王的德行导致很多人愿意到他这个地方来，周代的祖先就有这样的德行。他的祖先因为土地的问题，有异族人要来抢，他说就是因为我，他们才要战争，我们不要打，反正大家有土地，跟谁都是生活，你们继续在这儿生活，我走。他就迁走了，不跟人争，迁到现在周朝祖先那个地方。结果那些民众跟着他迁移，你到哪儿我们到哪儿，人民还是跟着他。这和史书上讲的大舜以德行感得天下，“一年成聚，两年成邑，三年成都”是一样的。所以“成都”这个词，四川省会这个词，表示因德行而聚民成群，聚众成市，最初是在《史记》上形容大舜的，他的德行能够使人聚起来，愿意跟着他住。说明“德足以怀远，信足以一异，义足以得众”是中华自古的德行传统。

这也就是我们强调的“仁”那个词，说“人之所亲”，你有真正的内在德行，别人就愿意亲近你，甚至你在哪儿住我就在哪儿住，你到哪个小区买房子，我就到哪个小区买房子，你的周围就会变化，就会兴盛，一年成聚，两年成邑，三年成都，就成为一个城市了。你想这个德行有多么重要。当中国空气好起来，当中国腐败被铲除，当中国文化复兴，当我们在座的每一位同胞都成真正的、地道的中华文化传承者、践行者，那一定会有越来越多的“一带一路”沿岸国家的人民迁移到中国居住，愿意拥有中国的护照。像美国的罗杰斯（和索罗斯创立量子基金的那位），他就判断说20世纪是美国的世界，但21世纪是汉语的天下、中国的天下，所以他让他两个女儿学习汉语，他现在已经为未来迎接中国的世纪做准备。但是呢，他把家安在了新加坡——美国的盟友，讲英语也讲汉语，他等于现在采取了一个折中的策略。随着中国再一次的稳定、崛起、复兴，会有越来越多国外的有识之士进入国内生活，繁衍子孙，甚至进入中华大家庭。

“信足以一异”，我一开始怀疑这个“信”是“仁”字写错了，反正都是单立人，因为道德仁义礼，德、仁、义是相连的，后面加上“才”和“明”应该是一个体系。但是琢磨琢磨，仁义礼智信，五常嘛，也是五者一体，哪个都可以讲得通，也都对。我之所以觉得有必要调整一下，是因为后面这个又出现一次“信”，“信可以使守约”，古代用字呢，在很短的一个篇幅之内重复用，可能性不那么高，所以我就怀疑，是不是“仁足以一异”。就像农村里面，除了村长之外，还有一个德高望重的老先生，这在古代可能很明显，像族长一类的解决不了了，请老先生评评理，他说的话就相当于法官断案一样，族人都听，就起这么一个作用。那他得要有仁德、要有权威（他为人要被人不齿的话，说话就不能解决这个问题），就可以平复众人的异议，说到底，还是德行的作用。

“义足以得众”，这“义”我们说得不少了，你每一条道上做这个义就得一批人，所以义做到了可以得众。如果说做儿女的尽孝，您就得对父母衷心地关爱；做父母的，为儿孙做出好榜样，就得到孩子真心的尊重，会孝敬我们。以此类推，做上司、做下属、做同事，您把这个义做好；做男人、做女人，把这个义尽好，就可以得到对方的拥护、赞成、维护、爱戴、恭敬、真诚、信任。

“才足以鉴古”，才能、才气为什么足以鉴古呢？“鉴”，是照的意思，镜子。才能到一定程度，可以把古代发生的事情、过去的事情搞清楚，就能把历史上的事情分析清楚，梳理出条理，总结出经验教训，告诉当代人，告诉后人。所以这个鉴古等于是上溯，他的才能可以上溯历史，让人们明白历史发展方向、规律。

下面“明足以照下”，就是“主明下安”嘛，《黄帝内经》里面说的。做领导人的，你是一个明主，那就足以看清楚自己的下属；如果自己的脑子是一个清醒的脑子，那就可以观察清楚自己身体内的变化、异动；还有第三点解释，这个“下”，指未来。上溯说的是历史，那“下”呢，还没发生，那就是未来。所以明白人他可以帮你选择未来的道路，照清楚未来的道路，所以有三种解释，做到这五点被称为“人之俊”。

人之豪

行足以为仪表，智足以决嫌疑，信可以使守约，廉可以使分财。此人之豪也。

第二种，行、智、信、廉，就像我们现在组织部干部考核，讲究“德、能、勤、绩、廉”，我不知道我们在座各位同仁中有没有在组织部工作的，他们给干部列一个表，考核德、能、勤、绩、廉，要同志们画票、打分。这里面四条，主要看你的行为。

“行足以为仪表”，仪表，有仪表厂，对吧？制造仪表。我们车上没有仪表，我们不知道缺不缺油，速度多少，公里数多少，看不清楚，所以仪表非常重要。包括我们看时间，这个表在这儿，我就知道时间走到什么时候了。“行足以为仪表”是什么？就是你的行为足以成为大家的标准、榜样、分寸，你的行为就是标准，甚至是律例、法令，别人按照你这样去做，就可以成道。

“智足以决嫌疑”，这不用解释，你的智慧聪明到把大家的疑问全都解决了，就都处理好了。

“信可以使守约”，这个没有什么怀疑的，守约嘛！合同约定，说这个人可不可信？可信。能签不？可以。能相信吗？可以。守约，守时，很简单。

“廉可以使分财”，理念上非常简单，事实上做起来可不容易。分财怎么分呢？什么人分呢？现在有制度，有股份制，有股权结构，公司有治理结构，然后按照出资额分红，这套规定已经被所有关心利益的人设计得非常严密。但在古代呢，没有我们现在的这些个制度，由人品来决定，谁是廉洁的人，相信他，由他来分，来管账。“此人之豪也”。

人之杰

守职而不废，处义而不回，见嫌而不苟免，见利而不苟得。此人之杰也。

第三种，“守职而不废，处义而不回，见嫌而不苟免，见利而不苟得。”我们都有职位，不能废弃，这非常容易理解。表面上非常容易理解，但是能做到吗？如果能做到的话，就不会有一段时间中央专门下文，开会解决“不作为”的问题；如果就是一小撮，一小部分，中央也不会兴师动众，解决不作为的问题。人坐在那里面不干活，或者是以会议落实会议，以口号落实口号，导致整个行政系统空转，落没落实？落实了。誓言读没读？读过了。做没做？不一定。所以“守职而不废”，真有担当，真践行，那么容易吗？很难哪！周围的人都不做，就你做，你看看，把你干儿起来（孤立的意思）。这是真的，你就一下子特立独行，成为众矢之的。容易吗？你想干事？你想干成？你算老几？你是谁呀？不容易。“守职而不废”是不容易。

“处义而不回”，在道义上我就应该这样做，那说几句风凉话，我就不干了？批评几句，就不做了？那是义吗？那就亏义了。所以我们自己要坚定正确的做法，不能够动摇。这一动摇，肺要出毛病的，要伤肺金。目前的这个形势，对很多智慧不开的人来说太容易伤肺了，太容易出现没有气力的症状，气短了，英雄都有可能气短了。“处义而不回”，对很多人来讲，这句话做不到啊！因为做到了以后，他活不下去，就是他的环境不允许。曾经有一位大姐跟我讲，现在是个什么情况，她说好人得抱团取暖。就是周围唯利是图的人太多，好人太少了，找不着同道，好不容易找到一个，那你周围就像是寒天冻地一样，很不容易。像我们聚集这么多人的场合不容易。在国家的提倡之下，两办发了《关于实施中华优秀传统文化传承发展工程的意见》，那得会聚多少有志的中华儿女起来为这件事情奋斗，这也是“处义而不回”呀，该你干的时候就应该出来干。

“见嫌而不苟免”，有嫌疑，苟免、苟且，你为了免除别人的非议，为了自己一时的安乐，舍弃大义，错过良机。能不能做到？白忍法师是一个出家人，他面临的考验非同一般，这是古代的事情，距离我们时间很长了。一个女孩子未婚先孕，在今天都是大问题，更何况在古代那种观念之下，那太严重了。人们就问孩子是谁的，那要知道了以后，那个男的恐怕就要被“沉竹笼”了，就是套到竹笼子里，放上一块石头扔河里就淹死了。这女的想了一想，就是大家都尊敬这个白忍法师，恭敬他，说孩子是他的，恐怕大家不会把他怎么样，如果供出孩子的父亲，那只能是死路一条。可是，说孩子是法师的，实在让人诧异，他是个出家人，怎么会有孩子呢？这太严重了！你想啊，很多人见到法师是要磕头的，奉他为神明，居然干出这样大逆不道的事情，所以人们非常地气愤，吐唾沫，扔鸡蛋，污言秽语。

孩子生出来，既然说孩子是你的，你就养着吧，把孩子送到法师这里来。法师面对这种难堪的情况，就说，“是真的吗？”“是这样吗？”没有任何辩解就把孩子接过来。寺庙都待不了啊，四处乞讨，喂养这个孩子，四处招人唾骂。过了几年，那个女子良心上过不去，忍受不了，吐出实情，终于说出孩子不是法师的。她为了保护那个男的，就知道大家不会杀死这个法师，但是现在她实在是忍不了，良心发现。这时大家才知道，所有人错怪了法师，所以去认错，赶紧把孩子拿回来吧，别让一个出家人抱着一个孩子。据说法师还是很淡定地说，“是这样吗？”把孩子给你。没有任何的责备。容易吗？很不容易！如如不动，安忍如山。

“见利而不苟得”，今天我们这个社会、这个时代被“利”搞得昏了头了，不知道什么是根本。《易经》上文王给我们注解《乾卦》留下四个字，“元亨利贞”，利就是“义之和也”。我多次解释，利呢，物理的真实之利；那义呢，是五常，是伦理，道德仁义礼。义要和才是利，也就是总书记说的双赢或者是多赢。可是现在太多人见利就不管别人死活，这就是苟得。自己家种的菜，不加农药，不加化肥，好好看着，自己家人吃；然后给别人吃，下农药，下化肥，管它转基因不转基因，反正不是我吃。我们大连流行一句话叫城里人真“扛药（yuě）”，就是药的意思，城里人真扛药啊，药不死。有个种菜的还是修行人，他要能修行成功，我从此不修行。（掌声）因为违反天理。你就是一年捐一个亿、十个亿，捐一个寺庙，打千僧斋，然后印所有的经书，修不成，因为没这个道理。你要么抱定一条信心，真修行人就是：这个事儿我不干了，我不要了，反正饿不死，天无绝人之路；要么你就都放上农药，都放上化肥，我自己吃也是吃这个，我跟大家一起吃，可以，对不？那我佩服你，你是条汉子，你对待自己和对待别人一视同仁；要么你就全不用农药、全不用化肥、全不用转基因的种子，我自己吃的就是给你吃的，这才是老夫子说的“己所不欲，勿施于人”，对不对？要么大家一起早死，要么一起吃好的。你说市场上不认，那我最后干到不能干，干别的再谋生，也不能“见利而苟得”。

我们讲过钟离权传吕洞宾点金之术，把石头变成黄金，要不要？五百年之后变回石头。我不要，因为坑了五百年之后的人。这样不苟得，这才能修成。这一念感通，大家就入门，不但入门，中华文化可以登堂入室。你真至诚到极点，打开经文没有不懂的、没有不通的，而且理解、知见都正确；心不诚，那是妄想，好端端的经文也会被念歪了，因为你心不对，映照不上，所以你就读不懂它是什么意思。

做到这四点，人之杰也。

背诵容易做到难

这就是我们所说的英雄豪杰、俊杰，他用了这么几个词就给我们说清楚了。道理呢，从字面上看简单，然后我们这两天能不能背诵？能，完全能够背诵。能做到吗？就“处义而不回”这一条能不能做到？“守职而不废”，你说你是个老师，能把学生教明白吗？能够不误人子弟吗？很不容易。后面的不用谈，就这两条，考察所有的修行人，所有的传统文化学习者，你就问这两条，你是干什么的？你在你的职位上干了什么？你是怎么落实当老师的？你说你是学生，那你是怎么学习的？你是国家的公务员，那你怎么为国家办公的？你说说我听听。你让他讲两句，不出三分钟就判断一个准。因为真做的人，他一句话就能说清楚；真明白的人，他一句话就能把经典的含义概括出来。不是不能说，而是说出来，没践行的人他不懂。中华文化是知行合一的文化，做不到，天花乱坠，也是假的，不会开一个真的花，结一个真的果实。学者太多了，出书太多了，讲理的太多了，好高好名的太多了；真正扎扎实实坐冷板凳，把道理悟通的太少了；悟通了以后认认真真地去干，不求名利，太少了；不计较得失，开始修自己的，太少了；不跟人比较，不羡慕别人上台的，太少了；专门拿自己毛病对着干的，太少了；眼睛全都放射出去，看着别人的缺点，这样的人太多了。

为什么？我不用去调查，看一下离婚率我就知道了。曾经宣过誓吧，爱你一辈子的，然后没多久两个人就打得劳燕分飞，彼此敌视，彼此仇视。最亲密的人都这样，那你对别人呢？对别人客客气气的，对自己的亲人这也不顺眼，那也不顺眼；地没擦，碗没洗；擦了，没擦干净；洗，没洗彻底；全是毛病。那日子还有个过？所以家不齐，国就不治。

上周我们在苏州开“中华文明传承论坛”，是第二届，承办者三家企业，主场就在苏州固锝。它的董事长吴念博先生告诉我们，他做这些事情他太太完全支持。这一次去，我也见到了他的太太，以前我去的两次，都是见的吴董，没有见到他的太太。这样一说，我就想起了《大学》，想起了《易经·坤卦·文言》，想起了《尚书·尧典》，什么意思？先修身，然后齐家，家能齐，就是儿孙孝顺，听话上路，认真学习；然后夫妇之间和睦，支持你的工作，这就是把家齐了；然后再治理企业。你看一下，现在不感动全世界吗？全世界的企业都来学习。怎么做到的？从诚意正心开始的，从修身齐家开始的。

上台好不好？可好可不好。讲《大学》好不好？可好可不好。你自己做到了，上台讲得真，当然好；自己做不到而上台去讲，纵然你讲得滔滔不绝，十分精彩，有用吗？如果一个主讲人自己都没有成家，没有体会真实的家庭生活，居然就给人家讲《大学》，大言不惭地给人讲齐家的道理，你认为可信吗？当然证道以后，世出世间的道理都可以讲，如果没有证道，自己又没有人生经验就出来讲，几乎就是骗人。我们现在净碰到这种事情。那悟道以后是另外一回事，因为你的底细人家都知道，你什么性格人家都清楚，也就是说你从哪儿来的人家都给你说得一清二楚，那这个情况不在此列，这是中国文化独有的现象。因为悟道之后，他可以不成家而给你讲家道，这是可以的，那除非我们碰到了这样的人。但是观察他生活当中其他的事情，那哪是悟道啊？是“误道”吧？耽误了自己吧？那不误人害己吗？这个道理相当于什么，相当于我不会游泳，然后我打一个培养游泳选手的招牌，我教你游泳，我告诉你如何游泳。然后在台上讲得天花乱坠，讲几种泳姿，讲水花儿怎么去处理，减少阻力。但是人家说，教练，请你下来给我们示范一下。对不起，我是搞理论的，我不搞应用，游是你的事。（笑声）

大家笑啊，可这是现实！听说过吗？现在的中国财经教育就存在这种现象，必须面对现实的经济学，居然分为“理论”经济学和“应用”经济学；当然物理学分为理论物理学和应用物理学，物理学我不懂，也许可以这么搞。经济学呢？理论和现实还能分开？莫名其妙！所以林毓生先生讲：“一个社会病得久了，会不知道自己有病。”知行合一的文化，我们知道了就应该能做到！

该吃饭了吧？吃完饭我们再来。

谢谢大家！

第六讲

本讲重点讲解“求人之志章第三”，作者提醒我们要做一番事业，就要心无所染，防患于未然，认识到酒色的危害，在人生的道路上做出正确的选择。《素书》教我们做好事，以善心去理解别人，同时《素书》的智慧也教会我们认清国际形势，更好地保家卫国。

尊敬的各位同胞、各位同道：

晚饭之后，我们接着学习。恢复到学生的生活，一辈子做小学生，总有进步的空间。

《素书》这本书跟其他中华经典一样，有一个特征，就是如果你想注解它，那就可以把古今中外所有的历史事实都填进去，无论正面和反面的，归归类就都可以放进去。大家在读的时候，实际上表面的意思不需要解释，好像绝大部分都很清晰。可是你真要是认真地把它落实的话，回看历史，你就会发现，我们整个的中华历史就可以给它做现实的注解，案例非常多，要么是正面的印证，要么就是反面的教训。所以经史合参的结果，是《素书》可以解读整部历史。

嗜欲是累赘

我们从“求人之志章第三”来开始看。

求人之志章第三

绝嗜禁欲，所以除累。抑非损恶，所以让过。贬酒阙色，所以无污。避嫌远疑，所以不误。博学切问，所以广知。高行微言，所以修身。恭俭谦约，所以自守。深计远虑，所以不穷。亲仁友直，所以扶颠。近恕笃行，所以接人。任材使能，所以济物。殚恶斥谗，所以止乱。推古验今，所以不惑。先揆后度，所以应卒。设变致权，所以解

结。括囊顺会，所以无咎。橛橛梗梗，所以立功。孜孜淑淑，所以保终。

“绝嗜禁欲，所以除累。抑非损恶，所以让过。贬酒阙色，所以无污。”“绝嗜”，嗜好，如果您立志之后要做一番事业，就要心无所染，身无嗜好，不履邪径。“禁欲”是禁邪欲，不正当的欲望。“所以除累”，我们经常讲什么事情累人，或者说形成一个累赘的后果，怎么形成的？就是你有嗜好，有不该有的欲望造成的。

于右任先生早年是同盟会成员，长年在国民政府担任高级官员，位高权重，为人好，他给人写字坚持不收润笔费。就像我们今天，如果是一位大领导给人写书法收润笔费的话，你分不清别人是买你的字，还是说因为你官位在这儿变相地行贿，搞不清楚。所以于右任你看他位置很高，但是他很拮据，手里没钱。其实他只要卖一幅书法作品就有很多钱，但是身居高位又不能要钱，这是很两难的局面。南先生看到这个事情以后，就不练字了。南先生年轻的时候，字也写得很好，有人就说那你练下去，你一定会成为很好的书法家。他这一听就警觉了，南先生是有师承的，他警觉在什么地方呢？一下子想起于右任来，他说这于右任除了工作之外天天写字，写不完，老是欠别人的求字要求，这一辈子被给人写字绑上，成为一个累赘。因为你有这个嗜好，喜欢书法，自己就被套上了，你不给写还不行，你不给写别人会有想法。

我现在慢慢地就面临着这种情况，有人让你给写一幅字，你因写作时间紧迫迟迟写不出来，人家就会有意见：你什么意思？以忙为借口，拖？不给写？自然地就会感觉好像这个气氛不对。那你说不写了，不写了自己有时候“阴天闲得膀子难受”，就想写两笔，也有这个欲望，那就累人，那你就得写。写呢，还要耗时间。而且写字，它是有秘诀的。我们写字是把精气神通过笔注入出去，那是会有力量的。这就是字与字的分别，有一种字随便地刷，那就是一个笔画；但我们得到的传承呢，非常简单，写字的时候心空、心静，静滤凝然，一笔而成，那你写什么它就有作用。比如说，你期望他吉祥如意，给他写一个“吉祥如意”，你在心灵特别空灵的情况下一气呵成，那对于得到这幅字的人来说，就有很大的感通力量，或者叫加持的力量。天人合一的理论就能够解释这个现象。为什么呢？如果求字的人心很诚，写字的人心也很诚，挂起来以后，念念之间（要注意啊，这是秘密），这是谁谁谁提的，他心里面就特别欢喜。读过量子力学一些简要的文章就会发现，人的世界随着他的念头发生变化，所以现实就转变。那你怎么给他下的这个指令，他的世界就依照这个指令去转换了。古代讲“天人合一”，现在的理论叫“广义相对论”，就是物质决定时空，你自己的心念转变了自己的时空，有感应。

那你想啊，要是这样写字的话，你把自己的能量全部灌注下去，自己有消耗就要有补充，就像手机用电，用完了之后你一定得有补充的这个过程，否则的话你会累得受不了。“绝嗜禁欲，所以除累”，你想一下，你喜欢什么，你就在上面花功夫，对不对？花钱，对不对？你的精力、生命、时间已经投入进去了，对不对？它等于占据了你的生命啊！你说你喜欢服装设计，那你设计去吧；你喜欢做陶艺，那你就做陶吧；你喜欢画画儿，那你就在宣纸上、颜料上、构图上开始各种各样的收藏、采购、比较；只要有嗜好就有一种所累。觉悟的修行人就是全不要嗜好，那你说这些事干不干呢？还是要干，心不染着。只要心不染，就不累，就是你心不沾染、不挂碍，这件事情就不累；

你要是沾染挂碍，一动心就累。比方说，我费这么大劲儿，给你画了这么一幅作品，连个润笔费也不给我，起码纸钱、墨钱你得给我吧？你这一念生出来，就累坏了，画一上午你得休半天才能缓过来。你要想着，太美了，我终于有一幅好的作品，还有人欣赏，我中奖了；否则的话，好好一张纸被我涂上染料，费了一张纸，还没有人喜欢。那我现在是不是中奖了？有人喜欢你的字嘛，喜欢你的画嘛！这么想他不累赘，因为你等于奉献了，因为奉献了心里面是空的，心无挂碍，所以不累。那就看大家能不能过这一关，“绝嗜禁欲，所以除累”。

愿意书法的呢，有些时候不让他写，难受啊，所谓的嗜好沾身上去不掉。比如说吸烟，吸烟容易戒烟难；喝酒，喝酒容易戒酒难；包括锻炼也会上瘾，走步也会上瘾。现在我发现周围一些朋友，跑马拉松也上瘾，追着各城市举行的马拉松比赛，还得花钱报名到那儿去流汗流水地折腾自己，跑完人就像小了一圈一样，那也愿意干。真是莫名其妙，也不嫌累。可是我发现有些搞体育的老师多数都早衰，一看那面容，就是运动过度，其实是不合适的。

酒色的危害

“抑非损恶，所以让过”，这就等于治未乱。整个这一章，你看一下，都是治未乱、治未病。“抑非损恶”，是非相对，善恶相对，把不好的方面、不正确的事情压抑、抑制，不让它抬头、生长，把它减损，“所以让过”，这个很简单。

“贬酒阙色，所以无污”，这对于我们这个时代来讲，要多说两句。自从中央“八项规定”以来，把我们党的领导干部从“酒池肉林”当中解放出来。我们东北有一位朋友是做企业的，每到逢年过节，他说这种看领导，兄弟企业之间互相走访，疲于应付，这一天得接待好几顿。不喝，说你心不诚；每次喝到量，真是要死要活的受不了。但是中央一规定，谁都不准喝，这一下子解放了，可不得了，使很多人至少因酒耽误事、因酒出车祸、因酒乱性的概率大大降低。

大家知道，大禹的时候，一位叫仪狄的人造了酒，他造酒以后献给大禹，大禹尝了一口就说，后世有因此而亡国者。说对了吧？所以圣人看一件事情，接触一件事情，立即预知它的后果。据说大禹因此疏远仪狄，就是他造了一件为天下带来隐患的事情。古代讲“道法自然”，你任何的行为、任何的念头和说法、任何的产品不能够带来潜在的危险，如果有的话就不应该流传。所以流传下的经典，一定是经过祖先的筛选，他们已经替我们筛选过了。那酒这个东西好不好呢？有点儿好处，那是在会用的人身上，而且前提是用中国传统的方法酿造出来的酒，而不是现代的这种工业的工艺。传统那种方法酿的酒，如果稍稍饮一点儿，它可以起药的作用，还有一种作用，比如说行气血、温体寒之症，它是有药的作用的。

后面这个“色”，问题就相当严重。我在讲《〈论语〉通解》的时候，因为孔夫子的一句话，“少之时，血气未定，戒之在色”，讲了好几讲。耽于色情的后果太严重了！希望全社会能够重视这件事情，把大家从这个情色陷阱、邪淫泥潭当中拯救出来。可是，人微言轻，很难，很不容易！因为我们都是“动心”才能生出来，你要想自己把这一关过了，如果没有很坚定的意志、正确的方法、老师的教导，绝不容易做到。

有了酒、色这两种嗜好就很容易有染，光怪陆离的世界，纸醉金迷的世界，通常有酒有色掺杂在一块儿，而且酒能乱性，使你把持不住，使你去乱性乱色。邪淫之事做完以后，夫妻感情受伤害，人的身体受伤害，小孩子成长环境受伤害，社会和谐的细胞受伤害，几乎没一样好处，有百害无一利。要想成就大的事业，要想有善终，这个事情就一定要戒除！我们看很多做企业的，前期做得很好，也成功，但做成功以后很快地不是债务缠身，就是企业倒闭，要不就是家庭分裂，孩子对父母像仇敌一样。怎么造成的？你就问问他背后是不是有染？“有染”的意思就是“出轨”，男的找女的，女的找男的，都是不合法的，见不得光的。只要在自己以为别人不知道的情况下做了这件事情，他的正事儿，也就是可以见人的这个事业一定受损伤。

我们举古代的例子，大家都清楚，比如说唐玄宗，那是唐代社会发展到顶峰的皇帝，他福德也大，做皇帝的时间也长，结果乱伦，因为杨贵妃在辈分上是“寿王妃”，是他儿子的妃子，结果变成他的贵妃。这是宫廷乱伦，再加上跟安禄山掀扯不清楚，导致七年零八个月的“安史之乱”。这是整个中国古代社会，由秦以后到唐，发展的一个顶峰，转折点出现就是“安史之乱”，国势开始衰落。如果不是郭子仪这样的忠臣良将，那大唐就亡了，大唐要亡了的话，没有后面的中兴。安禄山要取得政权，那是胡人，所以中华文化往哪儿发展，还真就不好说了，后面的历史没法假设，也不敢假设。起因是什么？一个贪念，贪色。所以心内有污染，身外面必有相应。我们反复地叨念天人合一，然后用现代广义相对论的道理去解释，物质决定时空嘛，你的心决定了你的人，你的人决定了你的时空世界，决定了你的境遇，决定你的人生到底走哪条道，就这样简单。但是人就是把持不住，这个心念就是不能够很好地控制在自己的掌控当中，整个人生变得风雨飘摇。

还有一个例子，宋徽宗，也是盛世皇帝，而且他继承皇位的时候，大宋王朝的可统计财富居世界之首。是现在西方那些经济学家统计的，我不知道他们从哪儿弄的数据，说我们当时掌握着全世界百分之七十的财富。结果他是一个好色的皇帝，《宋史》给他的评价，诸事皆能，唯独不能为君。不适合当皇帝，玩物丧志。论写字，他开创有独特的瘦金体，在书法史上有一席之地，开创了一个书体；论画画儿，花鸟画是一绝；可是他好玩石头，《水浒传》那个“生辰纲”就是这么来的；更有甚者，一个皇帝，挖地道去会著名的歌妓李师师，九五之尊干见不得人的事情。他愿意往地下钻，所以到后来被金人掳走，投到东北一个枯井之下。你想想看，他都干了些什么事情。按照宋家天子积累下的家业，他甚至可以再一次统一中华，可是没有。人没有志气，再大的财富也会毁掉，一旦犯了邪淫，再大的江山，再多的财富，在当世就不保。

举这两个例子，就是想让大家明白，盛世皇帝、财富顶峰之上的天子都经不起邪淫之害，那么我们普通的企业家、董事长、官员，能经得起邪淫之害吗？以为别人不知道，可是这个念头一动，行为一有，就刻在你的身体之上，明眼人就知道你犯过，那何苦来？有污有染，身体会有表现，所以不能做。真正的做法就是清净无为，以无事取天下，每天诚意正心，自在地干自己喜欢的事情，治未乱。

对治欲望

我特意把这首诗录下来，请大家欣赏，《诗经》里面的《樛木》。

南有樛木，葛藟累之。乐只君子，福履绥之。

南有樛木，葛藟荒之。乐只君子，福履将之。

南有樛木，葛藟萦之。乐只君子，福履成之。

没有上午的铺垫，约略讲一下五行，讲讲肾水和心火相交的情况，没有交代《精卫填海》和《庄子·逍遥游》，这首诗还不大好理解，因为你见到的注解，跟我们道家讲解的“诗”是不一样的。在人身体上，心的方位为南，提到南，你就要想到心，这个要记住；提到北，就要想到身体的海底轮，就是我们下部、腹部容易起欲望的地方。

“南有樛木”，樛木是什么木？在农村里比较常见，城市现在也能看到，就是一个木头周围被那种藤类植物缠绕着，这样的植物，也就是说，我们通常讲的心里长草了。“南有樛木”就是你心里面升起性情欲望，动心了。现在江苏卫视有一个著名的生活服务类节目，介绍对象，叫什么心动女生还是男生的，就是那个意思。心动了，情生发出来，木对应着肝。肝主什么？元神是哪儿？元神在肝吗？元神在心，元性在肝，元情在肺，元气在脾，元精在肾，你的性情有感，就是动情了。

“葛藟累之”，我为什么讲到这个“累”呢？就因为“绝嗜禁欲，所以除累”提到，你被这个累赘缠上了。这大家能明白吧？本来你心地光明，“何其自性，本自清净”，肝是元性，你这一动性、动情，这下好，清净的心念被缠住了。被什么缠住了？你自己生出来的那个千千万万的东西，就像爬山虎生出的枝蔓，爬得哪儿都是，给你缠住，这就是累赘。说明我们“聪明反被聪明误”，自己生出来的东西，把自己捆住了，作茧自缚。你想想谁扰乱的自心？天下本无事，

（听众：庸人自扰之）我们在座的都是高人啊！

“乐只君子”，只有君子能够做到欢乐、极乐、娱乐、开怀，“学而时习之，不亦悦乎”，从里面往外散发出来的喜悦、快乐。这样的君子“福履绥之”，只有他能够把这个性情收回来为我所用，他不是排斥。有一种修行人你看哈，我持钱戒，不拿钱；有的是不能看女色，接触都不接触。我们前面讲过了，男女要守礼对吧？要有礼节。他这个不看，那不看你心里不想啊？你能那么清晰地把她判断为这是女色，我不接触，你想想看心里有没有一个坚固的念头？男女，男女是相对的，无男就没有女，没有女就没有男，对不对？你定义说这是男人，那跟他相对的是女人；那反过来也一样，如果我们这些人一开始就被定为女人，那在座的女人就会被称为男人，就是一个概念，对立的。

君子怎么修？不是把它看作对立面，我们是一体的，然后能处理得很和谐，收回来为我所用，就有福了。有些人是把它看成累赘，砍下来，扔了、烧了、不要了，那是成为他的柴火吗？是他的菜吗？不是。所以真正的修行是把生出来的这个东西转化，变成自己的能量。你心上一动，喜欢生出欲望，可是你把它变成了自己的动力，不是累赘，这就成了。所以《诗经》上说“悠哉悠哉，辗转反侧”。

下面是重复，“南有樛木，葛藟荒之”，你心里产生这一个欲念，就容易使你的事业荒废。我们看有很多聪明的小男孩、小女孩，因为玩物丧志，喜欢一款游戏，喜欢偷着看足球，比如说高考那一年赶上世界杯，晚上偷着看、熬夜看，结果高考考砸了。那比赛什么时候不能看啊？非得看直播？非常执着，拿一辈子的功名做了赌注，所以“荒之”，玩物丧志。心里面生出的任何欲望，能不能把它转化，我自己利用它、成就它，变成我自己的福德，简单地说就是管得住自己。管不住，任它蔓延，那你能长成参天大树吗？缠绕着就把你缠绕死了，因为没有时间了，精力、时间、气数是固定的，你消耗在过多的事情之上，就没有时间干正事。

我这几年逼着自己就干一件事，就是看书、看经典之书；然后解读，也是经典之书；最后出版，也是这方面的书。就做这一件事情，没有别的。有些时候，一个月一条短信都没有，尤其是写书期间，一条短信都没有。现在电话也不多，除了骗子，就是讲座的邀请。（笑声）怎么那么可笑？

“南有樛木，葛藟萦之”，“萦”跟这个“荒”和“累”是一样的。萦绕吗？缠绕，反正就把你绕上，让你不能够很好地生长。“乐只君子，福履成之”，君子是把它收回来，美好的感情收回来，宝贵的能量收回来，为我所用，用在正事上，把它干成，“福履成之”，这是君子应该干的事情。

儒家有一句话讲得很有韵味、很有意思，“君子好色而不淫”。喜欢不喜欢？喜欢。过分不过分？不过分。这是一个什么样的境界？大家慢慢琢磨。

心静则世界安宁。在中国的禅宗史上有很著名的一句话，“百花丛中过，片叶不沾身”，有这个境界吗？《新龙门客栈》里张曼玉扮演的那个老板娘，盯着梁家辉扮演的剧中角色看，她的小兄弟大概知道老板娘一向自负美貌，可是这个侠客却没有像一般客人那样迷于她的美色，连看都不看她一眼，结果张曼玉就说：他在心里已经看过好几遍了。这是电影中刻画人物心理非常精妙的一个细节。有些人是属于什么呢？像苏州一个画家画那幅画似的，叫“君子坦荡不斜视，聊借墨镜窥佳人”。一些人道貌岸然，自诩襟怀坦荡、光明磊落，可以目不斜视，可是看到美人，还是目光被吸走。画家描绘的是这种人，借着墨镜，反正你看不清我的眼睛、我的眼神，偷着瞄一眼，瞅一眼。描绘人的这些心理，表面上装正人君子，但心里面翻江倒海邪思不断……刻画得很深刻。印象印象嘛，那个像印在心里挥之不去。所谓“百花丛中过”，花在古代有一种说法，就是指女人。有一个三字的成语叫“解语花”，大家听说过吗？就说明特别聪慧漂亮的女人像花儿一样美丽，然后你说话呢，“闻弦音而知雅意”，就是能听懂人语的花，用它来形容女子。如果一个修行人能够从花枝招展的百花当中过一次，说“片叶不沾身”，一点儿心思都不动，什么境界？不着相、不着色，就是过关了，破了男女之念，过了阴阳关。有很多关，我们说大卫·霍金斯的那个能量表，五百是彻底地破了物质欲望。那阴阳关呢？就是不受男女欲念的控制，无论白天还是晚上做梦，人都是清醒的，不容易。有一首歌唱的是师父告诉小和尚，山下最危险的就是女人这种“老虎”，等小和尚回去一问，这老虎已经跑到心里头去了。那不是“片叶不沾身”的情况，心都被老虎吃了，这种情况下想做事能做成吗？反正是概率不大。

正确选择

“避嫌远疑，所以不误”，前面有一句叫“见嫌而不苟免”，“避嫌远疑，所以不误”，误，耽误；有些嫌疑，提早避开。如果有一件事情你的第一念直觉就发现这件事情好像不那么安稳，那你就要立即展开调查，搞清楚到底因为什么心不安，修行得越高，这种直觉越准，会看得越清晰，有些时候就清晰到直接预见到结果，就是你一下子能知道这件事情将来会发展到哪一步。你越是心乱，越看不清，越注意不到。所以读书，读经典；看历史，看经验；自己修，就是修一个清净心。当你心清净，你能感受到周围人心的波动，你看他的眼神、看他的表情，你能知道或者大体上知道他心里在琢磨什么，在想什么。这不是很神秘的东西，它是很自然的，就是它一下子会有一个呈现。像心里头不高兴发怒，这我们都能看得见，对不对？高兴也能看得见，很清楚嘛，就是表情，他就表现出来。我们的脸是什么？就是我们心的屏幕嘛，这眼睛就是心灵窗口，你是什么样的就给你呈现出来。可是很多人不会看，或者太粗心，人家已经暗送秋波多少回了，你还木滋滋地一点儿都没感受。心要清净到一定程度，你就知道他肚子里到底打的什么算盘。

“博学切问，所以广知”，“博学”不用说，多学。“切问”，我们现在的词叫“深切”，这个词你看有刀，也就是切，相当于切开来看，就是深的意思，刨根问底的意思，打破砂锅问到底的意思。博学的过程当中，如果你只“博”没有“切问”，那这句话就不是什么高人的话。很多人好像什么都知道，但是你问一个细点，又不知道，似是而非，蜻蜓点水，那是假的。“博学”还能“切问”，说明是圆融贯通的，广度也够，深度也够，圆融了，这才叫“广知”。

“高行微言，所以修身”，“高行”，就是你做事要做对，要合道、合德、合仁、合义、合礼，这叫高行。但是“高行”之后不要吹，做一点儿事情就喜欢电视台报道一下，然后同伴称赞一下，人家不称赞，你就觉得对方好像是没心胸，嫉妒你。说话呢，微言，微言有大义，才是微言。不说大话，微言和大话又是相对的，说得简约、简洁、谦恭，这样的人，才是真修身。再简化一点儿，就是做得多说得少；做得高说得低，可能做得还高调，但是说得低调。反过来就招人烦，大家扪心自问看一下，做三分能吹成十分，没有一个人喜欢这样的。

最关键的一句话出现了，“恭俭谦约，所以自守”，守成不容易，能把自己的身家性命守住不容易，就靠这四个字。

“恭”，恭敬什么？恭敬天，恭敬地，恭敬万事万物，如果这个物品没有摆放好，就是对物的不恭敬。如果对人，背后说不该说的话，不恭敬；当面礼数不恰如其分，不恭敬。能做得自然、妥帖、圆融，不容易。人都怕恭敬，你要是能主动地弯下腰、低下头，甚至夫妻之间别管什么面子不面子，一个屋檐下一起过日子，先承认自己的错误，有什么了不起！你先一恭敬他，他再装也装不了多久，笑脸就会出现，和谐就会出现。

“俭”，不是非得要找不好的东西，我曾经举过例子，我说李嘉诚花一亿元买一辆车，也比我花十万元买一辆车节俭，因为对于他的财富总量来讲，微乎其微；而对于当年的我们来讲，十万元差不多是全部存款了，那你就显得很奢侈。所以俭是相对论，因人而异。还有一种情况，有些人喜欢名牌，出一个新款就追一个，必须要买，买不上就心里长草，不舒服，这是浪费，这是奢侈；可是你为了用，哪怕买一个顶级的大牌子，你一用二十年、三十年，我认为这就是俭，即使最初的时候它很贵，因为它质量好，爱心维护，这也是俭。比如有报道说英国的威廉王子有一双皮鞋穿了十几年了，依然保养得很好。可能这双鞋是世界顶级订制，价格不菲，可是这种穿法我认为是“节俭”。两种情况，我认为是浪费，一种是，有一些人说我不买那么贵的，一件只花二三百块钱，经常换新的，穿一次不要了，再也不穿了；另一种是买一件时装穿一次撞衫，再也不穿了，即使那是一百块钱的衣服，这也是奢侈浪费，因为没有物尽其用。

“谦”，谦虚、谦逊、谦卑、谦诚，《易经》上讲六爻皆吉。但“谦”不是装出来的，我们经常遇到这种情况，哎呀，写得挺好的；哎呀，讲得不错；哎呀，你这班办得很好，别人夸奖，他笑嘻嘻地说“我不行”。虚伪吧？假吧？不是真的吧？心里美滋滋，表面上不承认吧？谦是什么？谦是不以为自己高，但是我做到的，当仁不让。你夸奖，那是你的德行，我不沾染。你夸我上天，我还在大地上安稳地站着；你贬我入地，我还是在地面上安稳地站着。那是你的德行，你看不起别人，我没有任何损伤，你自己好好衡量，良心长没长对地方。

“约”，简约，要言不烦，别啰唆、别拖沓、别冗长。这几个字我都做不到，所以守也守得不好，尤其是这个“约”，好好的一本经典，讲起来拖沓冗长，做不到“约”。

“深计远虑，所以不穷”，这个“穷”不一定是指没钱，是指一个困境，因为事先考虑得不够深、不够远，人无远虑必有近忧，就这个意思。可是如果你能做到深计远虑，到哪儿都预先就知道该怎么走，就不会遇到穷困的境地。

“亲仁友直，所以扶颠”，“亲仁”，又来这个“仁”，“仁者，人之所亲”。“颠”，是颠倒，要倒了，你扶一下。那亲仁友直，怎么叫扶颠？仁的对立面是不仁，直的对立面是弯、是曲，你对谁亲近跟谁友好，等于对他间接地有一种扶持。他就觉得我这个事情可能是做对了，有人帮助、有人理解、有人支持，那就把他扶起来，不至于颠倒、摔倒、倾倒，就是扶直正面的意思。

“近恕笃行，所以接人”，这八个字不容易做到，我的体会是这样，所谓接人待物嘛，这里面说接人济物，怎么接人呢？就是接待，和人相处，“近恕”。还记不记得《论语》当中，弟子问孔子一句话，“有一言可以终身行之者乎？”孔子说：“其恕乎。”就是这个“恕”，宽宥、原谅、包容。那我们想一想，能做到吗？“接人”不谈别人，就是你“对立面”那个人，夫妻之间，能不能做到原谅？原谅他（她）的不足，宽宥他（她）的缺点。如果能做到这一点，夫妻哪有不和睦的呢？哪有不恩爱的呢？家一和哪有万事不兴的呢？天清地宁，家里哪有不长好孩子的呢？都是父母先出问题，拐带着孩子，没有很好的成长环境，没有很好的机会，问题的家庭会出现问题的小孩。问题的家庭，如果出现一个很好的孩子，那祖上这德行得多大？那么祸祸（挥霍浪费）祖德，还能有好孩子来，上对不起先祖，下对不起儿孙，怨谁？瞅着对方缺点的时候想没想过照镜子看一看，问一下你是谁？你是何许人也？你何德何能有资格去指责对方？你长成什么样儿，你挑他？你有多少财富，你嫌她？你的官位能保持多久，你颐指气使？你自己是不是一个完人，你老看别人的毛病？

恰恰完人是不会挑对方、挑世界的。因为完人只在自己的心地上，觉悟只在自己的心地上完成。等有一天，你发现周围所有人全是圣贤人，那恭喜你，你自己成就了，就是那一刻。当你发现周围的人还充满着毛病，还让你讨厌死了，那你的心里还有着根深蒂固的阴暗。你怎么接人？自己都渡不了，还能做老师，去教人？害人害己。

原谅别人　成就自己

原谅别人还要笃行到底，认真践行，不是嘴上说，这件事情不容易做到。过去十年，我在我们财经大学里面创建了三个单位，现在这个“中国经典经济学研究中心”是第三家单位，我走到今天很不容易。你跟人说别人会理解吗？人家有时间听你说这些吗？人们更希望看到的是结果：你在干什么，你能干成什么，至于你背后所遭受的东西，你解释人也不愿意相信，谁愿意听那些烂烂糟糟的事情？那在这个过程当中怎么过来？依靠读经典，依靠忍耐挺过来，依靠信念坚持过来，依靠每天干正事儿排解不愉快。少林寺的棍僧都是自己打出来的，没有方丈封出来的；是骡子是马拉出来遛遛，都是跑出来的；成功哪有那么容易？你以为你做得正确，别人就无条件支持你吗？没有这种事情。所以笃行，能不能笃，就是认真到底，检验着我们是不是真修。很多人持看轻的观点，那你去跟他理论吗？有理论的时间，还不如自己做正确的事情。所以放下争论，甚至也不讨论，为什么？当你读明白经典你会发现，世间的道理已经说透了。我们现在做的工作就是把它活化，然后用到当下的工作上，可以创新，开创出原来没有的境界和事业。当别人诋毁你，设置障碍，诽谤你，甚至欲置你于死地的时候，能怎么样？像金庸写的武侠小说《九阳真经》里面说的，“他自狠来他自恶，我自一口真气足”。“是非以不辩为解脱”，每天叨念几句话，给自己排遣一下，相当于是郁闷的出口，慢慢地从困境中走过来。

看一看司马迁写的《报任安书》，里面列举的什么“文王拘而演

《周易》；仲尼厄而作《春秋》；屈原放逐，乃赋《离骚》；左丘失明，厥有《国语》”。哪一个人是一帆风顺呢？没有。都要经过一番洗礼、忍辱的功夫走过来。世间人并不都是按照我们的意愿去生长的，能不宽宥他们吗？大慈悲心，原谅他们，感恩他们，感谢他们。因为没有他们反面的力量，不逼着你无路可走的时候，你能下定决心蹚出一条路吗？你能走得那么快吗？人是有惰性的，所以正面的帮助，我们需要感恩；反面的触动，逼着你立志；从结果上来讲，同样是大恩人。所以天下没有不好的事，没有不好的人，只有我们自己不好的念头。明白这一点，慢慢地逼着自己去做一个好人。可能有一天，就会发现周围的人都是好人，就是接茬儿接对了。

合理决断　古为今用

“任材使能，所以济物”，有这样一句话，“所谓垃圾是放错了地方的宝贝”。“因材施教”跟这个“任材使能”一样，你要教他，你要知道他在哪方面能成才，老师一定要识人，要判断准，他是不是那块材料。他是一个搞研究的材料，很认真，然后你让他去做性格外向活泼才能做到的什么演员之类的演艺事业，你逼疯他他也做不好。这就是要因材施教、任材使能，给他任命的时候，你要知道他有哪方面的才能，他又能干得了，这就是识人。中国有一整套识人的方法，领导们可以学一学。例如近些年大家耳熟能详的曾国藩的《冰鉴》，什么“功名看器宇，正邪看眼神，条理看语言”，搞人力资源管理的领导，乃至于创业的领导人，了解这些常识非常重要。做事情就怕对人“看走眼”，没有合适的人选，再好的事业都成功不了。孔夫子说的

“人在政兴”就是这个道理。这实际上是天人合一的道理，也是广义相对论的道理，古今中外通用。您选的某一个负责人，作为现象界的一种物质，决定了他所负责的事业的时空变化。

识人断事的学问是中国传统管理学的压舱石。它可以根据人的出生时刻来预判一生的走向，也可以根据人的骨相来断定一个人的性格、运势和品质。例如，有一个人要跟陈抟学道，陈抟祖师就问吕洞宾这个人如何？吕洞宾回答“无此等骨”，就是学道的人没有这样的骨相，陈抟祖师就没有收。再如，看《三国演义》，大家知道，诸葛亮一直对魏延存有戒心，就是因为魏延脑后有“反骨”。我还听说，古代科举殿试，最终确定第一甲前三名之前，皇帝会亲自摸一摸殿试取得优秀成绩的考生的后脑，如果有“反骨”，就不会录取。小时候，我对此不理解，以为这是无稽之谈，这不是以貌取人吗？及至年长，生活阅历增多，才知道这里面学问很深。尤其是读到《易经·坤卦·文言》的内容，知道人的身相其实是心相的体现，就对此更加敬畏。如今看一看人的面相和行走的姿势，也能在心里断个大概。

除了看面相、骨相和身相，我近些年还悟出“家相”、“国相”和“天下相”，约略说明，仅供大家参考。

看一家之相，看老人是否为尊并且自尊；看夫妇是否和睦亲切，事业是否正道，是否奉养老人和教育儿女；看孩子是否欢乐活泼、积极向上，懂礼貌，有教养。如果三辈如是，则家必大昌。

看一国之相，首重领导人的面相和身相，看其家庭是否可以为一国之模范。如《大学》所言：“一家仁，则一国兴仁；一家让，则一国兴让。”史书描绘刘邦的相貌，丰隆饱满，虽然我们见不到可靠的画像，但可知其相貌绝非瘦弱凄苦之相，预示着未来有丰厚强盛的朝代；今天仍然可见唐太宗李世民的画像，虽然是有些侧身，但是英武逼人之气，显露无疑，且面容饱满光滑，显示其行事果断、运势如虹的轨迹。若非玄武门之变，箭射兄长，悌道大亏，恐有百年之寿。长孙皇后之深明大义，足以母仪天下，唐朝雕版印刷的第一部书，就是长孙皇后坚持印制的《女诫》，颁行天下，有淑女就有贤妻，有贤妻就有良母，有良母就有孝顺儿孙，国家就有忠臣良将，因而天下就有风调雨顺、国泰民安。是以“贞观之治”的诞生，并非仅仅是治理之功，实在是有深厚的德行基础。

孔子说“入其国知其教”，就是看“世相”、看“俗相”，则治乱损益就可以心知肚明了。《孔子家语》记载，国君问东扩宫殿是否不祥，孔子说天下有五种不祥，东扩房屋不在其中。第一，损人而自益，身之不祥也；第二，弃老而取幼，家之不祥也；第三，释贤而用不肖，国之不祥也；第四，老者不教，幼者不学，俗之不祥也；第五，圣人伏匿，愚者擅权，天下不祥也。通过看现出来的“象”，可知其内心和本质。不过我自己对这些内容存而不论，因为一旦教化的因素加进来，一切都可能改变。例如一个人遇到明师，精诚努力，那么骨相都可能变化，所谓“士别三日，当刮目相看”，所以不能把人一眼看死了，看相的学问做一个决策参考即可。

“殚恶斥谗，所以止乱”，跟前面那句差不多，就是把恶的方面、反面的方面消磨掉、排斥掉，就把乱止住了，治未乱，这跟前面那句话有一些一致，是同义反复的。

“推古验今，所以不惑”，这个很重要，一定要学历史，然后剔除表面上的差异，看到古今一致的本质。我看历史，比如说看到《史记》描述汉代，什么“汉兴，接秦之弊”，连天子将相都不能“具钧驷”。就是说那个时候国家刚刚成立，还很穷，连皇帝、丞相、将军想要找同一毛色的牛或马套辆车，都凑不齐。按规格想找四头黄牛拉一辆车，就像我们今天什么级别用多大的排气量轿车一样，什么级别的官员用多大的办公室一样，那时候给你配一辆牛车或马车，同样毛色的马，比如说，四批黑马拉一辆车，这毛色不杂，就说明是很好的待遇了，那都找不着，连高官都配不上，说明国家穷困。可是几十年以后，“汉兴六七十年”，国家仓库里面的钱串子都烂了，露在外面；有些富人吃一餐饭，动不动上万块钱。

我一看，这不是今天的历史吗？中华人民共和国刚刚成立的时候，自行车可能都配不齐，现在几乎家家都有小轿车；一餐饭一万块钱，也不稀奇，我在火车上碰到一个兄弟，那是十几年前的事，他说在北京那个二斤鲍鱼八万块，我说什么二斤鲍鱼？我们大连这二斤鲍鱼才多少钱？几百元而已。他说，二斤鲍鱼是“一个”鲍鱼，在北京请人吃饭，弄一个二斤的鲍鱼。这就奢侈了。“八项规定”出来之后，北京倒了一批所谓的高级会所、饭馆，有些人因此有怨言。我说腐败式繁荣，那是国家的毒瘤，就像苹果烂了，那个东西必须切除，宁可不发展也不能要那种腐败式繁荣。为什么？它会亡国呀！它会让人民不满意呀！“水能载舟，亦能覆舟”，唐代君臣能够意识到这一点，这一道理在今天依然适用。所以习总书记讲，“人民对美好生活的向往就是我们的奋斗目标”，这是这个党伟大之处。如果这个党真的把全心全意为人民服务作为宗旨，认真地贯彻下去，这九千万党员不作假，那她真可以万岁！

就像我们有老师讲，如果当年大禹的后代听大禹的话，那今天还是夏朝；商代的天子听商代祖先的教诲，今天还是商朝；周代后来的子孙也就是做天子的，还像文王、武王、周公那样，那今天还是周朝；以此类推。但是看历史，慢慢了解一个叫“气数”的东西，总会给你贡献一个败家子，总会给你弄出一个像商纣王或者周幽王似的人物，把江山葬送。周幽王宠溺褒姒，烽火戏诸侯，就是玩大了、玩过了。为了一个女孩子，非得逗她笑，拿军国大事当儿戏，她这一笑可倒好，差点儿葬送一个周朝。所以东、西周由此分开，也就是衰败开始了。唐代是这样，宋代是这样，几代下来我们不就明白了吗？这件事情是规律呀！是犯不起的！你一犯就是反面的证明，老祖宗说的是对的，你又归到了反面教材那一伙儿。你只要坚持，我走到底是对的，那么你的结局，古圣先贤已经给你做了榜样，就是那样的。所以善恶两条路，正人君子只有一条路，没得选择，像上华山一样，华山自古一条路，你只有这一条，只问心地干净不干净，正不正，公心不公心。所以“推古验今”验什么？我们今天这个时代跟古代没啥区别，现在要采取的策略，你把《战国策》好好地读一读，大致上也差不多清楚了。

第七讲

如果一个人的福德不够，可能经典的名字都听不到，更不要说学习，这就是世人命运千差万别的根本原因之一。学习经典、积累福德就是涵养我们的心灵；作者一再提醒我们要内求，不要外怨，志心笃行，忍辱修德，成就自我。

尊敬的各位同胞、各位同仁：

大家上午好！

争相积德　注重践行

我们接着学习《素书·求人之志章第三》，在今天讲《素书》内容之前，有两件事跟大家简要地解说一下。

第一件事就是我喝水的这个杯子，大家可能注意到了，从昨天开始，我过来的时候，总是王老师（指秦皇岛市家庭伦理道德研究会的王会长）替我拿杯子。在一开始王老师要这么做的时候，我反对，王老师就说，您给我一次机会（意在尊师以积福），话说到这份儿上，我就没法再坚持了，只好恭敬不如从命。这让我想起前年（2015年），在武汉“华中第十四届书展”上，辽宁、江苏包括湖北二十多位同仁，跟着我会集到了武汉，我心里猜想这可能对主办方也有一些压力：我们明明只是请他一个人来，怎么一堆人来了？然后这些来的朋友们据说凑在一起，简单地商量了一下，推举河南卫辉市党校的徐校长给我拿杯子。我说这怎么可以！我才刚过四十岁，这还不得让人骂死我！如果我八十岁了，您替我拿也就拿了，我对徐校长说，您老人家比我年龄还大，作为一校之长，有祖德，有现德，受人尊敬，我何德何能啊？她说，这是我的任务，大家这么决定了，我得执行大家的决议，另外呢，您给我一个积福的机会！徐校长的话说到这份儿上，我又不好说什么了！可是，回到我自己住的房间我就想，那我上哪儿去找这积德的机会呢？（笑声、掌声）如果我有幸活到八十岁以上，那毕竟八十岁以上了嘛，别人帮着拿杯子也就拿了，但是如果那个时候王老师和姐夫九十多岁了，一百来岁了，还是说“您给我个机会”，那我怎么办呢？所以有些时候，想一想不坚持；又想一想我不坚持的话，我的福德从哪儿积起？所以我的智呢，不足以决嫌疑。怎么办？那就只好把这份尊重、心意，化成诚敬，继续努力，心里不着（不沾染、不挂碍）。（掌声）有牵挂就有障碍，知道感恩，知道人家在积福，那你给一个积福的机会，然后呢，回过头我也找自己积福的机会，这是第一件事。

第二件事，就是这个《素书》本身，这个书有很多版本，大家都可以去选用。它是学不完的，昨天我们说过一次，现在再强调一遍，这个书尽管才一千三百多字（1336个字），但是打开来之后，你可以把古今中外所有的历史事件梳理出来，全填进去为它作注解，要明白这件事情，尤其是我们今天学的内容。昨天讲的全是奠基，说它的由来，说它所谓的理论；后面的部分几乎就全部用在实践上，一句话说透，什么人、什么事儿、怎么处理、什么后果。每一句话就意味着几乎是一连串的历史事实，正反两方面的印证，古今中外都没有例外。所以这个书是讲不完的，也读不完的。我们有这个机会听到了、得到了、背诵了，就要记住“莫将容易得，便作等闲观”，争取能够做到了。

早上我拿着书、拿着水杯从宾馆下楼的时候，电梯口有一个老大爷，他就问：你是去讲课吧？我说：是。他就问，讲什么内容？我说讲《素书》。《素书》？没听说过。《素书》是讲什么的？我说《素书》是讲道德仁义礼的。哎，他说这个好。他居然有缘要问，能听到

《素书》的名字。千万千万记住，如果福德不够，名字你都听不着，更不要说学。这就是这个世界上人的命运千差万别的根本原因之一，如果祖上无德，现世无德，很多经典的名字听都没听说过。在中国传统文化当中，至少汉代以后，我们能见到明确的经文指示，老师告诉我们，你能有缘听到一位圣人的名字，听到一部经典的名字，就是祖上有德，至少三代有德。（掌声）从成本上来讲，这一本书二三十块钱，现在印刷可能贵一点儿，也不过四五十块钱、五六十块钱，这几乎是成本为零。读书最大的成本是时间。那我们获得了内容，多多少少还有人给说道说道、讲解讲解，引入一个门，大家想一想自己这福德有多厚，需要感念我们的祖宗。

我们小的时候父母就常讲，好好读书，好好做人，老人可能讲不出更多的道理，但是就这几句忠告，就是我们的一个家传，就是整个中华民族的家传，其实质都是“好好读书，好好做人”。书，实际上指的就是经典，不会意味着这里面还包括糟粕之书，对吧？肯定是好书。好好做人，谁是做人的榜样呢？是我们的圣贤。所以，经典和圣贤就囊括了我们要学习的一切内容和对象，不能轻易地得到之后，就轻易地忽弃它，束之高阁，那你就把自己改变命运、改变子孙命运的良好机会给忽弃掉了。希望大家重视，不是仅仅重视此刻的学习，而是要重视从今天、此刻开始的践行。就是活学活用，我们的脑子时刻有一个本觉、警觉、观察在。

昨天已经跟大家强调过了，我们学《素书》就是要消灭书呆子，脑子活起来，面对一个局面怎么处理，面对国外的挑战怎么能够化解。而且我们不会学他们的那种掠夺的战略，让其他人过不好日子，我们所要做的就是“己所不欲，勿施于人”，以慈悲的心态，让世界人民能够从悲苦当中拔出来，并给予欢乐，这是中华文化伟大的地方。我们只有以这样伟大的心胸去传播我们的中华文明，才对得起祖宗、对得起世界。

就说这两件事，我们接着往下看经文。

三思而后行

“先揆后度，所以应卒”，“卒”，是“猝”的通假字，猝然临之的意思。“揆度”，是一个比较书面的语言，在口语当中我们很少接触。“先揆后度”，简单地说就是三思而后行，做事情之前掂量掂量，思前想后判断一下局势，审时度势，反正就是用心考量一下。用我们党的话说，就是没有调查就没有发言权，你先调查调查、了解了解，别听了就以为实，据此就做决策，那很麻烦。“先揆后度”，用这种方法去应对猝然临之、突然发生的事情。

为什么这么说呢？如果不是突然发生的事情，我们通常会有一个预判、有一个计划，不管这个计划是长远的、中期的，反正是通常会有一个安排，这大家都有。可是突然发生的事情，考验人的心智，你心乱不乱、急不急？担心不担心，害怕不害怕，慌乱不慌乱？血压是不是上升了，脾气是不是又发出来了？在讲台上装模作样讲得挺好，突然面临点儿急事的时候，是不是还能够所谓的崩于前而色不变？

不容易啊！当年在延安，国民党轰炸，大家可能看过那个历史记录，一捆炸弹扔到毛主席的院子里面，警卫员进去拉着他就跑，据说主席看了那个炸弹，还说这个炸弹可以打几把菜刀用。到了延安是经过了长征，这大家都知道，已经过了雪山和草地了，过了前有堵截、后有追兵、头顶上还有大炮和飞机的轰炸。就是说到延安属于战略转移，终于成功了，所谓九死一生，主席他老人家已经经历过了。

所以你看，炸弹扔到门口了，他也不慌乱，有这样的定力才会指挥千军万马，取得胜利。我们再看现在国家领导人，你看看他什么时候着急忙慌的（东北土话）？没有。你看他走路的姿势都是很沉稳，在古代说就是大象的步伐，是最值得学习的，很稳、舒缓、安泰。有这样的人就会有值得期待的稳中求进的事业。

习主席在巴黎联合国教科文总部发表演讲的那天晚上，电视播出演讲的画面，印象当中自己好像第一次听主席演讲。党的十八大那个就职演说属于例行的安排，所以觉得那很正常，可是在国外的国际组织的同类别讲台当中那是最高的，他讲话讲得慢条斯理，很和缓。我当时心里就产生了一种感觉，就是这种性格的人很难被激怒，那么作为军事统帅，他是打胜仗的最根本的性格因素。你无论设圈套还是说难听的话，还是搞一些阴谋动作，他很难着急，就是你很难让他变得慌不择言。我们看小说，以前看《三国演义》，类似有一些将军，突然面临埋伏，军事进攻，慌不择路，那就麻烦，通常就是死无葬身之地。那作为一位统帅，他如此沉稳、如此和缓，然后我就对我们国家的整个局势，产生了更大的信心。就是不着急，沉定下来就有定力，那任何事情他都可以做到“先揆后度，所以应卒”。

设变致权

“设变致权，所以解结”，有一些难解的关键问题怎么来解决？“变”是变化、变局；“权”是权变、变通、通达。遇到问题总要解决，怎么办？考验我们的时候就到了，能不能活学活用。这个时候背诵是不管用的，背诵应付答卷是可以的，但应对可能千变万化的局势，考验的是当下的那一念。背诵管不管用呢？我的体会是管用，但管用在平时，就是平时没有事情的时候，千百遍地去重复、去涵养、去体会、去琢磨、去参究，你可能没觉得它有什么用，可是突然面临一件事情，你的第一直觉的产生跟你平常用功的程度是直接相关的。

你的第一念受谁的指挥？就像王财贵先生说他的儿子，小学高年级的时候背诵《道德经》，跟他姐姐一起学习，大概是初二全背诵下来，初二以后呢，学习成绩突飞猛进，老师发现这孩子就像变了一个人。王先生的话是什么意思呢？就是你背下《道德经》以后，从此你脑子里有一个老子驻扎着。我们都希望找到高人，找到明白的老师，我说老师就在我们身边，唾手可得。你把《论语》背诵下来，天天涵养，那孔子驻扎在你的心地之上；你把《孙子兵法》背诵下来，那孙子驻扎在你的心地之上。用的时候，自然起作用。这是熟读经典的一个秘密。

五年前，我跟我的领导报告，我愿做所有古圣先贤的私淑弟子。老师不在了，老师的经典还在，那是活的精神化成的文字，我们可以返回去，通过文字体悟到活的精神，那他就活着，他真的永远活在我们心中。遇到一件事情，“子曰：‘三人行，必有我师焉’”，那好，你要看他的长处，“择其善者而从之，其不善者而改之。”这老师就等于教了，你面对一个人琢磨他是好是坏的时候，旁边老师已经开始指导你了。面对修道，你想老子说了，“古之善为士者，微妙玄通”，那你该怎么做？你是不是“善为士者”？你体察物体、世界、现象是不是很微妙？是不是能够通达？什么叫“微妙玄通”、“玄之又玄”？理解不理解？有无之间、天人之际能不能搞清楚？怎么转换的？他已经在涵养我们的灵魂、头脑。所以你说“设变致权”怎么解释？我认为它不需要解释，你平常的涵养够了，突然临之的时候第一反应，就是你全部智慧、全部经验、全部学习、全部投入，那一瞬间的反应就出来了。

“许允之妻”是历史记载下的一个故事。这个男的姓许名允，晋朝人，娶妻，交礼之后（那时候不像我们现在，没结婚可以住在一块儿，古代不是，好像是说只有掀开盖头那一刻，新郎才知道新娘长什么样。按照古礼是这样，事先不能看的），大概是这哥们儿挺欣喜的，着急知道媳妇儿长什么样，掀开盖头以后，发现妻子容貌“陋”。古书记载就是一个字，丑陋的陋，没说丑，是陋，可能比丑还严重。这哥们儿就想出去，就想出洞房，不待了。你想这是多严重的事情啊！她这个妻子呢，“止之”，就等于喊住他。你干吗去？他呢就停下来说，妇有四德（古代女人要讲三从四德，其中有一德就是妇容），你有几德？这显然就是嫌弃媳妇儿。这是不是猝然临之？对于一个新娘来讲，嫁人了，新郎要跑，我们现在电视剧经常有这种情节吧？新娘子跑或者新郎跑了，古代看来也有这种情况。但是她很机智，反问：士有百行，君有几行？你将我一军，我反过来将你一军，你是不是个男的，是男的你有几行啊？你做到了几点？这哥们儿也不客气，说，我全具备。你还咋说？他媳妇儿就说：百行之首为修德，你不好德而好色，怎么觍着脸说自己全具备呢？（笑声、掌声）这句话一出，许先生面露惭色，很惭愧，勉强待下来。我写这个“许允之妻”的时候，想重点强调是他的妻子，不是要大家记住许允这个人，而是记住那位女子，真是厉害！这是容不得你“先揆后度”的，应什么卒啊，想的过程中新郎跑了，你还能追得上吗？那就是“设变致权”突然灵机的反应。好好修德吧，老夫子说：“吾未见好德如好色者也”，好色很容易，但是有没有一个人好德能像好色一样呢？天天为“德”朝思暮想、辗转反侧、寝食难安，有吗？可能有。把这个故事送给所有的男士，士有百行，修德为首。

不向外怨　顺其自然

“括囊顺会，所以无咎”，“咎”大家很熟悉，咎由自取，这是我们耳熟能详的一个成语，所有的“咎”都是由自取的，不要赖别人。我们学习中国的传统文化，这是一个精髓，这是一个转关。你要往外怨，那传统文化的门你都没进来，还是门外汉。都是由自己决定的，在古代讲，是“天人合一观”，在现代讲就是“广义相对论”。天人合一观大家听得多一点儿，广义相对论呢，听爱因斯坦的多一点儿，相对论的结论几乎没大听说过。他的结论物理性的表达我们不去管，翻译过来大众能理解的语言就是：物质决定时空，有什么样的物质，就有什么样的时间跟空间；时间跟空间不是绝对的，时间跟空间本身就是物质的存在形式；当物质改变的时候，时间跟空间也改变，这是最关键的一点。所以我说“人”也是一种物质，他决定着自己的时间跟空间，时间跟空间结合在一块儿，就是时空，时空换作另一个词汇就是世界，再换一个词汇就是宇宙，所以人决定着自己的世界，决定着自己的宇宙。问题是人不同于这样的物质，人是能动的物质，因为人有心，所以心转化，人转化；人转化，人这种物质就转化自己的时空；你要觉得自己的时空世界不好，它是你心灵的作品，那反过来纯净内心就好了；这就是“有无相生”，看不见的心会呈现一个五彩缤纷的世界，你想怎么样，你先从心上去努力。所以我们说，管理唯一的场合就是心地。

那么，努力的过程当中，就要做到“括囊”，所谓的“括囊”就是总括一下，把这个“囊”（袋子）扎起来，对吧？你内心是什么样子别人不知道。当你努力的时候，也不要四处去张扬地说，哥们儿要干一件事，默而存之，默而成之，存乎德行，慢慢地把它做成。事情是用来干的、用来做的、用来成的，不是用来说的，不是用来显摆的。所以“括囊”的意思就是让我们闭上嘴、迈开腿，好好践行，到一定程度了，功到自然成。

“括囊顺会”这个“顺会”和前面的“时至而行，得机而动”是一个意思，就是等，等到时机到的那个时刻，顺着天然、顺着天命，所以他无咎，这也是《道德经》里面“为无为”的意思。做任何事情，这都是一个共同的原则。吕祖《百字铭》中说，“养气忘言守，降心为无为”，至于壶中怎么配坎离，还是回忆我们昨天交代的，吕洞宾祖师把我们的身体比喻成一个壶，“壶中配坎离”，坎卦和离卦，坎是肾中之水，离是心中之火，是君火，君火下降，肾水上升，配坎离，水火既济，你才能够睡得着，你的身体才安泰，国家才能兴旺。所以身体如此，国家也如此，为无为，它是自然的，你要懂得自然的道理，所以无咎。

不屈不挠　善之又善

“橛橛梗梗，所以立功”，“橛梗”，重叠、重复，就是努力，专注。“橛橛”，是有所恃而不可摇；“梗梗”，是有所立而不可挠，就是不屈不挠的意思，有所凭是凭恃，有所依立，不可动摇。有这样的志向，有这样努力的状态，有这样专注的状态，所以你能立功。

人间三件事：立德、立言、立功。怎么做？定下志向以后，不是满世界张扬，就用这四个字来形容，你做不到努力不行。像《伤仲永》，一个小孩子天才，不努力，四处去展扬、表演，最后，“泯然众人矣”。就是缺乏功夫。你努力没专注到底，也不会挖出水来。我们看那幅漫画《挖井的人》，这面抠两锹，停下来，换个地方再挖两锹，其中有一个地方再挖下去一锹，水就出来了，但是他还是放弃了，始终是没打透。

这个精神就是尧传舜、舜传禹的中华心法，“人心唯危，道心唯微。唯精唯一，允执其中。”就后面这八个字万古不易，做任何事情离不开“精”、“一”。聚精会神，一以贯之，绝不分心，这是“一”。“唯精唯一，允执其中”，你一直在那个状态当中，就对了。你说那个状态是什么状态呢？就是专注的状态。这个我自己有个体会，就是《中国经典经济学》连续写作十个月，在那个状态当中呢，十章的所有内容，每一章每一节什么内容全在脑海里面，很清晰。后来我跟一个老大哥讲，我说有一本书写完了，用了多长时间；然后他说做事是有节奏的，你不能接着往下写（因为我告诉他要写《中国经典管理学》，姊妹篇嘛），你应该休整一下，然后再写；我一听也有道理，很快就觉得好像我从一个状态里出来了；自己没什么变化，但就明显感觉好像我从某一个状态里出来了，不在那里面了。我们准备做某一件事情的时候，要聚精会神，还要努力“进入状态”，这大家听说过是吧？进入状态。真的好像有一种状态，你坐在那里，整个心神全神贯注做一件事情，所以它能够完成。“立功”就是无论你做什么，把它完成，那就是功。

“孜孜淑淑，所以保终”，“孜孜”，是勤之又勤，勤奋；“淑淑”，不是爸爸的弟弟（叔叔），是善之又善，我们用它来更多地形容淑女，善之又善，女子、母亲，天下之源，用它来形容。

有贤妻才有良母，有良母才有孝子贤孙，有孝子贤孙才有忠臣良将，才有国家事业的发展，才能建设伟大的社会和事业，追到源头，还是在母教。因为她念念之间孕育着我们。不看西晋王叔和写的《脉经》我对这件事情体会得不深，一看《脉经》，就是人体十二经除了心经跟小肠经一直在值班，因为心要跳，不跳活不了，小肠要分析营养出来，供给全身用于消耗，它们不能休息的，一直在工作。其他的十经每经主养一个月，相当于值班。在它当班这一个月，我们身体相应器官就在生长，这大家都知道。可是就在某一个月，一旦你当老公的，气了自己的妻子，她真生气了，对应的那个脏器就是先天性的疾病。所以先天性疾病人都说不清楚，对吧？就归源于这是先天性的心脏病，先天性的什么血液病，治不了。怎么来的西医解释不清楚，但中国的经典给你解释得清清楚楚。就是母亲怀孕的时候哪一月受了伤，而且因为什么受伤，它能解释这个病症的来源和状况。是婆婆骂一句，还是老公打一顿，恨了谁，气了谁，就作用在这个孩子身上。因为母亲是他的母体，母体受伤，整体循环要影响到胎儿，就是这样来的。保卫母亲有多么重要！一旦自己家里面有怀孕的女士，如果没维护好，对不起祖先，对不起后代，也对不起国家。

有些时候不学中国的传统文化经典，你不知道自己什么时候做错了，错得有多严重，还觉得自己挺好，对不对？还有资格去挑别人的毛病，还理直气壮，我没错啊，我百德全具备。所以一旦检查出说哪个脏器有毛病，尤其是肺有毛病的时候，这上天怎么这么不公啊，我怎么这么倒霉啊，怨天尤人。他不知道自己在某一时刻已经种下了无量苦的前因，就是因为自己不明理造成的。所以善之又善很难得。为什么叫善之又善呢？善之又善，它意味着如果这个女子，你对我好，我当然好，你对我不好的时候我对你仍然好，叫善之又善。你骂我，我不生气；你打我，我不恨你；安忍不动，这是淑女，这是圣母，她的那个孩子一定是圣贤。容易吗？很不容易，在古代做到这一点都不容易。但是有相当的母亲，忍辱如大地，什么脏东西往上泼，她都承接下来，忍受下来。所以能够保终，她不乱，把屈辱苦水隐下来，保证这个朝代几百年能够存在。

做一项事业，我们说办企业的，做一个百年老店，那起码三四代人的时间。说富不过三代，但是在中国古代比比皆是“富过三代”。可是我们在过去的一百多年，几乎把这种文化丢了，现在数中国的百年老店还有多少？同仁堂算一个。还有吗？我有一次看日本的报纸，日本好像是这种百年老店有两千两百多家。那是我们唐、宋的学生，现在反过来成为我们的老师。我们有什么颜面面对自己的祖宗？就是祭灵的时候，拜黄帝的时候，我们有脸抬头吗？对得起先祖，对得起这些圣贤吗？

“橛橛梗梗”、“孜孜淑淑”，不容易做到。因为它什么意思很多人都不了解，怎么能够做到？现在讲清楚，希望我们能够集体发愿，为了国家、为了民族、为了未来、为了子孙，我们能够努力、能够专注、能够坚忍、能够恪尽职守，叫“以保我子孙黎民”。《黄帝内经·灵兰秘典论》里面最后一句话，“以传保焉”，就是谁践行，就保谁。

志心笃行

本德宗道章第四

夫志心笃行之术：长莫长于博谋，安莫安于忍辱，先莫先于修德，乐莫乐于好善，神莫神于至诚，明莫明于体物，吉莫吉于知足，苦莫苦于多愿，悲莫悲于精散，病莫病于无常，短莫短于苟得，幽莫幽于贪鄙，孤莫孤于自恃，危莫危于任疑，败莫败于多私。

“夫志心笃行之术，长莫长于博谋”，这和我们通常读其他的儒家经典有点儿不同，夫子说：“吾十有五而志于学，三十而立，四十而不惑，五十而知天命，六十而耳顺，七十而从心所欲不逾矩。”有志嘛，“志”大家看这个字，是士之心，心上有士。古代人口少，十中选一为士，就是精英了，上面一个十，底下一横，十中选一。不客气地讲，可能我们今天万中选一都未必合格，就是从中国传统文化角度来衡量做人的标准。所以士之心为志，这个志通常很多人也不理解，这个志是很坚定的，相当于我发誓，一辈子不可改的，这才叫志。

“志心笃行”，你发了志，发了愿以后要做，要落实，不是用来表演的。然后他告诉我们这里面有“术”，“志心笃行之术”，也就是方法，怎么落实。像我写完《中国经典经济学》，很多人就问，怎么用呢？我说怎么用你问我，我要告诉你怎么用，那是骗你，那不是活学活用，道理讲清楚了，你要在自己的本位上、自己的环境当中，把它用出来，这才是真的。

我们现在最糟糕的一种情况就是，第一批产品、样品，请你品尝的都是好的，你只要一下订单，大批量的，马上次品就出来。江南江北我都试过，只要时间一紧急，供不应求，质量马上下降。浙江义乌的一个人，卖质量下降的产品，现在就在我家里面放着，我自己买的，我有票据、有实物，这就是将来的例证，就是“罪证”，这种人能发财，我不姓钟！没多久，这哥们儿就出事了。他卖一个产品，因为他自称是我们一个师姐的学生，我就相信他，看展示的视频，产品质量很好，我说那我给太太买一点儿。买过来之后，我就发现不对呀，寄过来的产品，就连市面上最普通的产品质量都比不上，我就立即发信息追问，你是什么意思？他也诚实，说对不起！要货的太多，可能这帮人就偷懒了，拿其他单位加工的产品给您寄去了，我马上给您换。碰到这种人你说我还能说什么？然后过一段时间，没动静了。再过一段时间，给我发信息，说实在不好意思，因为饮酒驾车被拘留了！行为不端，产品质量就不行，就没保证。我为什么把他的产品留下来？我说这是例子，江浙一带，他家祖上是有名气的，好像卖瓜子发了财，他干这样一种卑劣之事，丢不丢人？然后再看他这行为，以次充好、酒后驾车的德行，这样的人能发财没有天理啊，即使一时发财也不会长远，这是我遇到的活生生的例证。

所以“志心笃行”，就要求我们下定决心以后不要变。首要的一条：“博谋”，这是《素书》给我们的一个答案。为什么是这一点呢？我就体会，因为世间的道路不总是直的，你这个志向是对的，是坚定的，“笃行”，就是你不能因为一时的挫折，别人一时的不理解而放弃。你想走到底，如果事先不把可能发生的情况，设计一个应对的方案，那可能走不下去。所以“长莫长于博谋”，要有谋略，怎么发展这种谋略，我们先不谈，往下看。

忍辱则安

“安莫安于忍辱”，这一点很好解释，昨天其实已经说过了，要想安，对别人的诽谤、障碍、打击，忍耐下来，或者说更多的当作人民内部矛盾来处理。这件事情对于公务员来讲，要有一个明确的区分，如果是公务，那有党纪国法，怎么做很清晰；涉及个人修为，就要体现在这两个字上——“忍辱”，更多的是这样，个人要忍耐。而实际上在执行国法的时候，据我的观察，不管是法院的、检察院的、市委的还是政府的，他们也存在着不同程度的忍辱、协调、忍耐、等待。

我们就讲古代的一个大家都耳熟能详的例子，比如说勾践，勾践我们不主要提，提他的臣范蠡。勾践为了活命，主动到吴王那里做奴隶，他是越王啊，他去做奴隶，那范蠡就跟着他去做奴隶的奴隶。这种忠心我们能不能有？很不容易。后面的事情大家都知道，因为这是历史上著名的事件。勾践为了获得吴王的信任，那真是忍辱负重，忍到品尝吴王的大便，获得了吴王的信任。吴王就没听伍子胥的劝告，没杀勾践，等于我们现在所说的放虎归山。越王回去之后重整河山，修德振兵，准备了一段时间就要发兵攻打吴国，范蠡给他按住，说现在不到时候，有天时没有地利。过了几年，他又想打，范蠡说还不到时候，天时、地利都有，没有人和。后来赶上吴王出征，国内空虚，时候到了，范蠡说发兵吧，一下子灭了吴国。从他们当年“卧薪尝胆”到灭吴国花了多少年？二十二年。这个忍耐、忍辱有多震撼！如果我们一个领导，为了活命给人做奴隶，我们也能忍，我还能伺候你，可尝人大便这件事情，像我们这些人，有什么脸面再待下去呢？就像当年的二祖，传位给三祖之后，他自己一个人跑到酒肆，就像我们现在说的小酒馆、红灯区那种地方去转悠，然后这些弟子们就说：老师啊，你别这样啊，你天天泡在这个红灯区里面，我们这些人的脸往哪儿搁？说老人家眼一瞪：我自调心，干汝何事？你修你的，我在调我自己的心。他就告诉我们，不管位多高、名声多大，还是要检验你自己的心合格不合格，要忍。

修德为先　好善为乐

“先莫先于修德”，这个不用解释了，想一下许允之妻，她的那个话，我们就知道“士有百行，修德为先”就行了。

“乐莫乐于好善”，这个好，什么事情乐呢？干了好事会乐。今天早上，王老师讲每一次组织学习之后，她就高兴。组织学习是大善事啊，大家来学交学费吗？交住宿费吗？交伙食费吗？谁交的？王老师自己有钱吗？（掌声）在座的各位和我2008年学习是一样的，就是全国人民花钱让我们学好。2008年年末我在桂林学习，也有一个反思自我的机会，我才观察到，原来是全国人民花钱让我学好。这个说法怎么来的呢？我是大学的工作人员，这次出来学习半个月，我要跟校长请假，而且给我报销往返的机票和住宿费。大学是事业单位，它的钱款是由财政部拨付的，财政部的钱款是由全国纳税人交付的，你花一元钱，不管是十几亿分之一还是十几万分之一，所有纳税人是有一份的。那理论上就是说所有纳税人掏钱买你这次学习，你学习不好，不是理论上，是真实地欠了所有纳税人的债！只有把学的东西学明白，还给天下，你才能把这个债了了。这个账没有人算，但是它真实存在，不知道大家观察到没有。我们有些时候受惠，不知道施惠何许人也？谁捐的这个饭钱？不清楚。谁捐的住宿钱？不清楚。可是我们享受了，我们想到过这种感恩吗？如果没想到，就是亏义。我们身体能好吗？为什么说知恩报恩、感恩修德的人容光焕发，那是跟天道相合呀！体察得越深越细就越真，说得越空越大就越远，越是找自己的毛病才越是真修。所以老夫子才说子贡，你真有闲工夫，还有时间去看别人的毛病，我收拾自己都来不及。

做对了以后，喜悦由内而外生出来，就是《论语》开篇第一句话“学而时习之”，落实了，那个“习”就是实践，就是践行，落实了，“不亦说乎？”那个说，现在写的是“悦”，是吧？通假，是那个竖心旁加上一个兑，表示的是由内而外散发出来心里的喜悦。我们本来把这个词叫“法喜充满”，结果被后世佛家翻译借用过去不还了，现在一提法喜充满，马上就有人说“这哥们儿是信佛的”。还有“善哉，善哉”，也变成佛经语言了，出处在哪里？《黄帝内经》啊！“无为”这个话，一提来，别人马上断言你是道家的，我说你翻看《论语》，夫子说大舜，“无为而治”；夫子说他自己，“无为”。不看《论语》你不懂，就以为这是道家的，这是佛家的，好像自己分得很清晰，还自以为是，瞧不起这个，瞧不起那个，不客气地问一下，你读了几页书？不知历史，不知来处。不过所谓不知者不怪，我们还不能怪他。

学习经典的好处，让我们知本、知源、知根；学习历史的好处，我们能看到这些活生生的人，给我们做案例教学。做对了的，是正面教我们；做错了的，是反面教我们，你看到这么做错了，他亡国了，他灭身了，等于提醒我们不要这么做。读历史就这么简单，看《素书》也这么简单。这就是我为什么讲第一章是最关键的，第一章讲完了，后面的讲与不讲，讲到哪儿无所谓，它们的意义都能生发出来，而且都能理解。关键是这个基础，所谓的“道德仁义礼”的基础不奠定，你光学权术、谋略、权谋、机变，是要早衰早亡的，甚至是要绝后的。因为历史明证，不能过多地用阴谋，而且不能为一己私利，为自己的当世名声去博取。你只有为全天下，去解结、去立功，才可以，最后还要谦退，这张良就是一个例子。

我们昨天感恩了一圈儿，想没想到我们要感恩一个盗墓的？你说盗墓是什么品质啊，挖人家坟，该死是不是？可是没那哥们儿盗出来，我们学什么？听都没听说过，你还见得着《素书》吗？世事是很复杂的，你看他这个行为被人不齿，遭人唾弃。但是我们要真有一个人学明白，为国家担当去做事，那功莫大焉。你说他这件事情是缺德呢，还是积德呢？

由此可以想见，在中华大地内，埋藏着多少智慧宝藏！我经常观想，想象着黄帝铸造的宝鼎埋在地下，大禹铸造的九鼎埋在地下，全本的《书》（今天所说的《尚书》）埋在地下，甚至我们不知道的文字、表章、器物埋藏在地下，等待着有缘人去挖掘。从甲骨文来看，商代的文字已经高度成熟，那么夏朝一定就有文字，只是现代尚未看见实物而已。如果没有仓颉造字，怎么会有这种说法流传！中华的历史，是世界上独一无二的历史，绝不可以用西方的史学观念去揣测，导致数典忘祖、妄自菲薄、辱没祖宗、没有自信。

“乐莫乐于好善”，我们能不能乐得起来，什么事情是善？挖人坟是不是善？显然不是。可是时间一久远，他居然真的就有另外一面的好处，你说难得不难得？通过这件事，应用到我们当下各位每一个人的家庭生活和单位的工作，你想象一下，就是感觉到好像十恶不赦的家伙，没准儿他这个行为，也有善念在、善根在，或者善的影响在，只不过我们没看到。只有明天道以后，圆觉地从另一个角度看，从长远看，甚至就是单纯地从反面教材来看，你才能够看全。

这个“乐”，还和我们的身体健康直接相关。我们熟悉一句话，叫心花怒放，但是我问大家一句，你看见过自己心花开放了吗？道家人士告诉我们，这个心像莲花瓣一样，扣着的，等有一天你修炼到“心开意解”的时候，别害怕，老师说有的人害怕到能把自己吓昏过去，以为自己的心脏完蛋了！“心开意解”实有所指，我们宽慰别人，常说“哎呀，没事儿，过去就过去了，开心一点儿”。你知不知道什么叫“开心”呢？心是真可以打开呀！

我们头上有光，那个光叫顶轮，也叫梵穴轮，有没有人感触到？然后有喉轮，喉轮打不开，你想长寿，那也是痴心妄想；然后心轮，就像个莲花瓣一样。看大家的眼神，好像是对这些个内容不大了解，其实这些内容全是公开出版的，书上画的那个样子很准确，古代道书上的版本呢，就是很老旧的样子，现在的更加精致一点儿。没事去翻一翻，琢磨琢磨自己，老鼓捣手机或汽车，我们人体也是手机和汽车，那个功能完全在我们身体里面，好好看一下。所以心花怒放，那是个真实的状态；心开意解，真实的状态；你一郁闷，它一下子就凝结。郁闷郁闷、抑郁抑郁，就是自己闹毛病；真的能够把心打开，就去病健身了，所以乐一来，病就跑了。

人应没事就逗自己高兴，没事就偷着去乐一乐。（听众：找不着什么乐）找不着什么乐，皮笑肉不笑会不会？就对着镜子自己练，练那个皮笑肉不笑，你先龇牙咧嘴也行，就是先让自己强行地笑一下。慢慢地，那个虹吸原理就会起作用，学过初中物理都会知道，一吸，水能从低处一直往上输送，虹吸的现象嘛，很简单。这个乐也是，你就逗嗤自己，没事你就乐，傻笑也可以，然后你注意观察自己的身体变化，皮肤是不是在慢慢变好，坚持做下去，很快人就会转化。人逢喜事精神爽，掉过来，人精神爽，喜事就来，没学过数学的充分必要条件吗？你颠倒一下试试，先乐起来，先定住。我就乐，别人看到你就不是“色难”，看到你就高兴。要说这人彪呼呼的（大连话，脑子不灵光），傻乎乎的，就知道在那儿傻乐，那也没关系。他一想你乐呢，可能他也就不自然地乐起来，这一逗嗤全天下都很开心，只要跟你接触的他就很开心。你知道开心就是一服良药，身体的指标啊、器官啊、细胞啊，全都良性地转化；再加上你还能做善事，一句好话去宽慰别人；搭把手，支持一下别人；捐一点儿力所能及的财富，去帮助天下需要帮助的人；你的人生从此不同。

种钱得钱　以圣贤为师

前几天，大连的一位女士，找我求助，要快点儿发财。我就得赶紧见她，因为这很危险，年轻漂亮的女士，要想快点儿赚钱，是很危险的事情，所以我必须第一时间见她，没时间也得挤出时间说几句。我就告诉她，财富就是你内在德行的外化，必须先积德。我说你现在一个月赚多少，她告诉我赚多少，好了，我说那一个月你捐两块钱没问题吧？两块钱能捐出来吧？这对很多人来说一点儿问题都没有。我说关键在于坚持，每个月往出拿，最好是每天。力所能及，哪怕每个月就赚二百块钱，那你就捐两毛钱也可以，不影响你生活呀！那好，只要肯听话，捐到一定程度，不用去求，赚钱的机会会主动找你，这是天理。天理大家懂吧？买这么一包种子，种下去以后，秋收给你一囤子粮食。所以这两块钱是种子嘛，就是种钱嘛，种瓜得瓜你知道，种豆得豆你知道，但你知道“种钱得钱”吗？（笑声、掌声）这不就是中国传统经济学嘛！你说钱种在哪里？挖个坑把两块钱埋下去？不是，种到人间人伦这个“土”上。花到人身上，花到善事身上，然后你看着自己的“摇钱树”慢慢长大。哪一天来，哪一天成长，它有它自己的规律，这一点人人不同。要注意人人不同！但是你做得诚，绝对不出三年，命运大改，多多少少，钱财会主动来找你。我来秦皇岛之前，这位女孩子给我发信息，决定每个月捐三十。这可以啊！不容易！我就把她托付给我们财经大学里面的一位王老师，王老师是女士，因为女士带女士大家都放心。要不这个男老师现在对年轻的女学生是一种危险的动物，我这样做就是让人放心嘛！

很多年轻的男学生、女学生，问我现在收不收徒弟，我说我没资格做老师，然后他们说你这是故意地拒绝我们，我说，我说的是实话。我在《论语》讲座当中报告过，为什么现在不能收学生，就是没合格嘛，尤其是不能收女学生，尤其是不能收年轻漂亮的女学生（笑声），我说等我过关了以后我再收。那现在如果有年轻人急着要救命的怎么办？“设变致权”嘛，“长莫长于博谋”嘛，你得有办法给人处理对不对？我做不了老师，我可以把老师教我的东西教给你，你行拜师礼呢，不是给我。我们东北财大院里有一尊孔子像，他老人家代表古圣先贤，你肯对他磕一个头，我就把我学来的东西交给你，你要认真练，就救命。我就是这么处理的。别人也看不见，傍晚的时候，在校园里面，我告诉你到这儿来，老夫子在上，你对天地圣贤磕完头以后，你不是我的弟子，我们都是圣贤的弟子。那我可能比你早听闻这一点什么诀窍呀、方法呀，算个师兄总可以吧？叫“代师传艺”，替天行道。我们都是平辈的，我告诉你，你回去修炼，很管用啊！所以总是有方法，不能拘执。那人说还是叫你老师，我说学校里面把门的都可以叫老师，我们是沾了学校的光。这种事情越做越开心，就是“乐莫乐于好善”。

至诚则神　体物则明　知足则吉

“神莫神于至诚”，大家都喜欢神通对吧？哎，你给我看一下，身上有没有什么东西？你会看事吗？真有人找我，问，我这个企业，我干这行当，能不能赚钱？我说对不起，算命我不会呀！我只会一个方法，就是问你自己的心地干净不干净？行为正不正？意念诚不诚？如果答案是肯定的，那我肯定你能赚钱；如果答案是否定的，那我肯定你最终赚不到钱；你可能一时能赚到钱，但最终还会散掉，就这样简单，我就知道这么点儿道理，没别的。但是“至诚”这件事情很玄妙，可以感天动地，为什么至诚如神呢？不是我们说的，是圣贤说的。谁说的呢？至少孔子的孙子子思在《中庸》里面就说了：“至诚可以前知。”大家看了这句话了吗？什么叫“前知”？就是事情还没发生就预测到了，是吧？可是中华文化又有一种说法，“察见渊鱼者不祥”，你怎么能够前知呢？但是至诚的人就可以提前知道。不用推不用算，自然地就知道，它是很自然的事情。

就像我现在，我就可以前知，今天晚上九点钟的时候，我还在回家的火车上（笑）；我还知道七月二十日以后我放暑假了；我还知道冬至那一天是十二月二十一日左右吧；我知道得很多呀，怎么来的呢？看书看来的，看挂历看来的。那你要是真的至诚，就能如神；你要想如神，你就得至诚。很多事情，一眼望穿，就能够做到，不至诚，行事有假，你就不能提前知道。那什么是“神”呢？通达天、地、人之间的道理和规律，知道规律，你就能够前知如神。

“明莫明于体物”，格物致知，诚意正心，这几句话好像和《大学》、《中庸》、《论语》上的话差不多。“明莫明于体物”，“体物”，我们说格物、体会，这个能懂，为啥叫“体物”呢？通常我们说这个体物的物，是那个竖心旁那个悟，“物”怎么来“体”呢？想一想《庄子》，“万物与我一齐”，什么叫“一齐”？真正觉悟的人，是通一切种智。一切种智，种是什么？种子。钱从哪儿来，知道；人从哪儿来，知道；物种哪儿来，知道；他知道这个生发之源，这叫一切种智。那如果你真的能够知道所有的物体从哪里来，需要知道什么道理？需要知道《道德经》的道理嘛，“道生一，一生二，二生三，三生万物”，要体的那个“物”就是万物嘛！万物从哪里来？是从“三”来，三从“二”来，二从“一”来，一从“道”来，这就知“道”了吧？所以“明”我们说了，日月表示阴阳，合在一块儿是“明”，我们要明的是什么？阴阳，这“明”字本身就告诉我们要明这个阴阳，明我们人类文明诞生于太阳和太阴构成的天地系统之中。你明了阴阳就知道世间万事万物包括人是怎么来的，怎么运转，阴阳的不同状态就是五行，所以医圣说：“天布五行，以运万类。”没有在这万类之外的，都被它运转着，这不就清楚了吗？所以“明莫明于体物”。

“吉莫吉于知足”，知足常乐，知足就心安，知足就欲止，知足就身定；知足，就没有过多的想法，没有过多的怨言；知足，就是古代的人掀开盖头，发现新娘不如自己想象的那么漂亮，也能凑合着过，这也大吉大利。

时间到了，我们休息一会儿，下一节再来。谢谢！

第八讲

苦来自哪里？一个人过于悲伤会怎样？老人过于担心晚辈为什么不好？疾病从哪里来？什么是“无常”病？拿了不该拿的东西会怎样？自恃的人会有什么样的结果……对于人生中这一系列不好的方面，作者一一为我们答疑解惑，阐明诸多道理。

尊敬的各位同胞、各位同仁：

少愿则安

我们接着往下学习。这一节课上来的时候，我跟王老师说，水杯不用拿了（笑声），“绝嗜禁欲，所以除累”。但是最大的累赘大家知道是什么吗？我们的身体。老子在《道德经》当中说：“吾所以有大患者，为吾有身，及吾无身，吾有何患？”弄这么一个身体，饿了要吃，渴了要喝，冷了要穿衣服；喝多了还要上厕所，麻烦；有的人还得涂脂抹粉，美容拉皮儿；反正是很多花样，为了它生出很多的麻烦。但老子这一句话说出来，很多人不理解，你把“我”弄没有了，把我的身体弄没有了，我怎么活？这是中国道家修行里面算是一个比较高深的学问了，大家可以到《道藏》里面慢慢地去体会。

我们接着往下看，上面讲的，长、安、先、乐、神、明、吉，七种都是好的方面。长怎么样啊？博谋；安怎么样啊？忍辱；先干什么？修德；怎么能乐呢？好善；怎么能够神呢？要至诚；怎么能够明呢？体物；知足就是吉。另一方面，说的就是不好的，是我们人生通常都要避免的。比如说，苦怎么来的呢？来源于多愿，“苦莫苦于多愿”，有愿望不能称意，就自苦于心，想消除自己的苦，就要少愿，乃至于不愿。有一件衣服，或者是有两套换着穿，可以了。然后我们听说，很多女同胞面对着满柜子的衣服：哎呀，我没衣服穿，接着怨老公不陪着逛街买衣服。当然有些人说不能用“老公”这个称呼，要称“先生”或“相公”。“相公”这个词，二人转里常用，现在不能用了，也有人说那应该叫“夫君”，又好像太古老，最后还是“孩儿他爹”比较合适。反正孩儿他爹如果不陪孩儿他娘买衣服呢，这也闹埋怨。这就是“愿”，不陪我。找一个能干的老公，天天在外面应酬，不回家，埋怨不照顾家；如果先生天天在家里呢，又觉得他熊，没社会地位，没啥社会交往；如果个头儿不够高呢，嫌他矮，够高了呢，不够壮实……总而言之，苦海无边，少愿是岸，知足常乐，我们刚学过。

仔细想一想，男人也一样，黎巴嫩的大诗人纪伯伦有一句诗，说任何一个男人都同时爱着两个女人，一个尚未出生，一个在他的想象当中。就是可能会有这样的人出生，让天下所有人都爱上她，他说还没出生，就是到现在为止还没发现；另外一个呢，就是他自己想象出来那么一个，这很麻烦，还是来源于多愿。看到什么词汇就容易想上去，比如说古代四大美女，他的想象呢，就可能把四大美女弄成一个合体，不要杨贵妃那么胖，不要西施那么玲珑，就是南方人可能会小巧一点儿，北方女汉子多，那么壮，他又受不了，所以这个愿望是无穷无尽的，大家可以想象。

包括学习也是，现在问我最多的问题是：你《论语》什么时候讲完？下一部讲什么呀？你什么时候讲《易经》？这问题就来了，我说你心不安定，这个经文没学懂、没学明白，为什么呢？讲解《易经》是我六十岁以后的计划；讲《论语》我们说“通解”，这话好像很大了，但也是一个事实。讲《论语》的时候，儒、释、道、医、武我知道的什么法门哪、窍门哪、秘诀呀、观点呀也都引用进去。那你说是讲了还是没讲？经典的特点是一段你通了，可能整部经典你都能了解，那个精神都可以推演出来。你认为就讲了这一段，没讲那一段，那就相当于说，就这个手指头是姓钟的，其他的不是了，这有多拘执？合着我忙活了三年多，有人没听懂，那我不能埋怨他没听懂，我只能说自己啰里啰唆的，导致别人没听清楚。

讲《素书》，大家认为一千三百多字怎么还需要讲两天？两小时不就完事了吗？结果发现两天根本讲不完。然后你更狠，你说把古今中外的历史事实可以全拿来填进去做注解，不是夸大其词啊，每一句话后面无数注解，无数的历史事实，无数当代正在发生和将要发生的人去为他做注解。

你想一下，很多人他苦不苦，想要赚钱，想要有名，想要健康，想要妻子理解我，想要孩子孝顺，想要父母双全，健在，没有毛病，想要员工个个都是能人，都听我的。他就没想一件事——自己是什么人，自己具备什么德行。这件事情想通了，很自然的一个结果，这个“愿”就很少了，一下子清静，就不再是像万花筒一样层出不穷，就回复到本心、回复到本位。发什么愿呢？发全心全意为天下服务的愿，这是一个正愿。怎么做呢？就在当下，此时此地此生此家此身体，就在此时此刻做，有缘遇到，随缘就分，量力而行。你即使是每年的三月五日，也不必非得跑街上去，也不用往敬老院里钻，每一天都是“学雷锋日”就行了；每一天都诚意正心，每一天晚上都学曾子，日三省吾身，琢磨琢磨；每一天早上起来，一日之计在于晨，想一下，“先揆后度”，“长莫长于博谋”，把它应用到生活当中，自然就会好起来。

悲伤导致精散

“悲莫悲于精散”，我们解释过“悲”是拔苦，把人从困顿当中、煎熬当中解脱出来、救拔出来。但是这个“悲”，显然是自己情绪上的，悲大了伤气，精气神一体嘛！我们肾内有元精，身体自然地蒸腾变化，产生这个气。就是现在说话的过程当中，大家就可以体会，你的气息是不是顺畅，“圣人息至踵”，匀、细、绵、长、深。踵，大家知道吧？什么部位？脚后跟儿。圣人怎么一口气能吸到后脚跟儿？言外之意呢，就是息到全身。那我们现在很多人的呼吸呢，吸进来就到这儿（胸前），吐出去，就好像“呼嗒、呼嗒”的那种很浅、很短的感觉。所以练气，要把自己的气息练得绵长。

讲《黄帝内经》的时候我们已经说过，怎么能够长寿？筋长，“筋长一寸，寿增十年”；还有什么长？气长，息长，就是那个息，一吸一呼为一息，休息的息，息长寿就长，匀细绵长深，就是这样；还有什么长？舌长，舌头如果吐出来舔到这儿（指额头），那你起码活一百二十岁以上，你说够不着，舔到鼻尖也行。平常怎么练呢？“卷舌塞喉”。舌头往后卷，塞在喉咙里面，慢慢体会。有口水之后，叫“金津玉液”，“饮刀圭”啊，把它咽下去。“一饮刀圭五彩生”，吕洞宾写的诗，在华山玉泉院里的石碑上就刻着这一句话。一提五彩，大家想没想到女娲？女娲炼石补天，补的是谁的天？我们自己的天，补先天，所以要学会这个炼五彩石补自己的先天。补先天怎么补？吞津液的时候，仰面朝天，往下咽津液的时候，想象着直接落入自己的双肾，它怎么落你不要管，有这个意念就行，炼五彩石补先天。慢慢地能体会到“添油续命”的作用。

“莫将容易得，便作等闲观”，估计在以前，你不上香对天地祖师像磕头，而且好好地供养，弄出金银财宝来，老师不会告诉你这一点的，不信你打听，你去问。坐在这里，门一关，全当作大家福德具足，然后我也认为“所传即是其人”。《黄帝内经》里面都说，“非其人不传，非其真不授”，因为你跟我一起念过誓言，我相信大家都是真诚的，所以这些个诀窍都告诉你。为的是什么呢？补精，补精就有气，炼精化气，气就充足。

我从小气不充足。高中的时候我同学的爸爸是中医，一搭脉，说我“气不充实”。2007年，周元邠先生当时九十四岁，在武汉，我请老人家把脉，然后说，“还算调和”（四川口音），气不充实，告诉我多站桩、多打坐。他的小徒弟就说，在爷爷眼里几乎没有健康人，说你还算调和是最高的褒奖了。因为很多人都是五行不顺、五藏不安，一摸脉不是木气，就是土气，要么水气，反正是都有毛病，说“还算调和”就不错了。气不充实，补就是了，闭上嘴，少说话。但这些年呢，就是闭不上这个嘴，气往外散，什么现象呢？大家都烧过水，你看那个水烧开了，水蒸气迅速地往上蒸腾，就是你折腾得越快速，能量散失得就越多。

“悲”这种情绪损伤身体非常严重，哭到一定程度，会上气不接下气，人会昏过去，这大家都知道，就说明伤身很严重。有亲人去世，通常我们说节哀顺变，要节，所以这个气要保护。气一伤，就伤精，因为气一伤，伤肺，肺一受伤，肺属什么？金；金能生什么？水；水属肾，所以肾精就受伤。你肺受伤得严重，肾精就难以生成，母体受伤了，所以金不生水，水就受影响，而且大了以后叫

"精散"。

昨天我们根据眼睛来谈五行，已经跟大家说了，医生判断这个人走没走，拿小手电筒一照，说瞳仁散了，我们提到过就是那个精散了，对不对？"生之来谓之精"，那个东西没有了，人就不在了。你看人悲，能把人悲死，就是哀伤过大会要命的。

肺一受伤还有哪一腑受伤？肺跟什么相表里？大肠。大家听没听到过"肝肠寸断"这个词汇？它在悲伤过度的情况下竟然是一种事实。明代有一位著名的大师，叫莲池，莲池大师有一个笔记，叫《竹窗随笔》，里面记载了一件事。一个猎人射杀了一头小鹿，他还没等到小鹿跟前取这猎物呢，发现母鹿回来了，母鹿看到这个小鹿被射杀，围着小鹿哀鸣，"呦呦鹿鸣，食野之苹"，然后他发现这个母鹿流下眼泪，用舌头舔自己的这个小鹿，毕竟那母鹿它也是母亲啊，让他不太清楚的一件事情是，这个母鹿很快倒地上，死了。他是个猎人嘛，就把这个小鹿和母鹿都带回家，那猎人就是以卖这种猎物为生嘛！解剖后发现母鹿的肠子全断了。悲哀动衷，它发现自己的孩子被射杀之后，悲哀过度，就伤气嘛，肺受伤，肺跟大肠相表里，那是一损俱损，所以"肝肠寸断"是真的。这肠子真断了，肠子断了，那它就死掉了嘛！这个猎人从此放下屠刀，不打猎了。

我看到这件事情以后才发现，我们中华文化里很多的成语需要重新去学习，它不是说说而已，在身体上是可以验证的。这是中华文化，为什么叫天人合一，为什么叫知行合一。所以为什么叫"精散"？能要命啊！动物如此，那人呢？为什么长辈忧愁儿女会得肺癌？同一道理啊，他牵挂你的安危，他不是悲就是担忧你的安危，都能把肺伤坏了，更何况那么大的悲伤。

担心即是诅咒

前年（2015年），我在河南省登封县人民医院讲了一场《黄帝内经》，然后当地的李检察长就问我，能不能请她母亲来看一下，我问老人家什么症状，她好像是肺上有一个阴影，我说那请老人家来嘛！进来之后，我说阿姨您担心什么？她说是担心孙子。我问他在哪儿？回答说他现在在美国，去美国之前呢，他是清华大学毕业的。我问现在在美国怎么样？她说挺好的。我就问那您担心什么呢？她说我也不知道担心什么，我就是担心他。我说老人家您琢磨琢磨，在我们国家，一个男孩儿考上清华大学，说明他不但健康，而且还聪明勤奋，不是一般的聪明和勤奋，才能考上清华，对吧？他已经成人，已经工作了，而且在美国也工作得很好，您有什么可担心的？您这一担心伤了自己的肺脏，然后大家都担心。您担心，对他又没有任何帮助，这何苦来哉？我说能不能放下这个心，儿孙自有儿孙福，您把他放下，等于解放了自己，也解放了家人。现在您这一闹毛病，全家人都跟着紧张。那我能做的只能是这样，指出病症从哪里来，从哪个情绪上来，你不解除，那自己就被捆缚着。

担心，网上有一句话，“担心就是诅咒”。所谓不往好里想，潜意识里面就不往好里想，严重过度了，那悲就会导致精跑了。《黄帝内经·本神》里面说伤气则失守，失守阴就虚，阴虚是什么？就是有形的身体就虚弱，很多临终的人都是骨瘦如柴，就是经文说的“形乃大伤”嘛！所以情绪不能过度、不能悲观，就是这个意思。不能悲观，反过来要乐观，怎么才能乐观呢？好善哪，帮助别人。你要是觉得自己力量不够，就去帮助别人，越帮你会觉得自己力量越大，越帮越会觉得自己气息充足，越帮越会觉得自己睡眠香甜，越帮越会觉得自己记忆力增强，越帮就会觉得自己对前途充满了信心，越帮心里就越来越安定，无所担心。

善的力量如此巨大！因为它跟“天”是统一的，上天有好生之德，你能帮别人，说明你身体里“天”的成分就越来越多，越来越深，越来越大，有“天”跟你同在，还担心什么？天人合一嘛，这天是啥？德行啊，“天之在我者，德也”。天在哪儿和人合一？在德上和人合一。人要想跟天相合，就去积德，就去好善，就归天道。

病从哪里来

“病莫病于无常”，什么是病呢？病字头儿里面一个“丙”，十天干里面的一干。天干和地支大家都知道，十天干十二地支配齐以后，一圈儿六十年一个循环，六十年一个甲子。丙呢，居于什么方位？东方甲乙木，南方丙丁火，丙是属于阳火吧？丙丁嘛，都是阴阳相对的。提到南，“南有樛木”，这南指什么？心。那南方之阳火也就是君火，它出了毛病就是“病”，方位上有病了。君火弱，就是统领上身之关窍精血，就会出现清涕、口沫、目泪、漏睛、鼻齿出血等各种症状。与君火相对的是相火，相火是真火，也就是人人本具的肾中之阳。如果相火衰弱，就不能够统率下身之关窍精血，就会发生遗尿、滑精、女子带下、二便不禁等各种病症。二火虽然分开，实际上是一气。君火生凡土，为胃；相火生真土，为脾。所以二火化生中土，先后互相依赖运转，分二气为三气，称为三焦，也称为三元，正所谓“无先天则后天不立，无后天而先天不生”。如果中土得不到充足的二火往来熏蒸，就不能够腐熟水谷食物，随之而来的各种消化不良、痰湿、痞满诸种病症齐发。所以养护心神、保护肾精，实在是人生性命攸关的大事。

医生给你开药，我们叫开什么？开方。方是什么？方向、空间、时间、时空、世界、阴阳、五行……也就是说，你周围的“场”出了问题，你周围看得见的形体物质出了问题，和看不见的能量场需要协调，这是“病”。那“疾”呢，病字头里面一个“矢”，那个矢镞的矢，表示箭头，说明你是被射中了。被什么射中了呢？被自己不良的情绪射中了。我们刚才提到“悲”往哪儿射？直接射中肺藏和大肠，它俩是一伙的，阴阳表里，所以一伤俱伤，一损俱损，一藏受伤，五藏六腑都不安。

一切病症本身都是哪里来的？一切身病皆心病。方位都告诉你，医生开方就是用一个方子把你体内的阴阳场能重新校正回正确的方向、正确的秩序，这叫“开方”。请问大家，张仲景有一个方子叫“小青龙汤”，听说过吗？为什么叫“小青龙汤”？左青龙，右白虎，南方朱雀，北方玄武，就是五行各有方位。这个形象和方位怎么来的？唐代有一个道姑，把打坐观察的景象画出图来，画出来很自然的方位就是这样，显现的图形也就是这样，这是女中豪杰啊，女中俊杰，大家可以去看、去查。女性能修到这一地步，绝对了不起，那是伟大的修行人。她把方位和图像画得非常地清晰，这些内容都是公开出版的，你不看那没有办法。我简单跟大家说，那个现形就是青龙的形，看上去就像青龙的形状。为什么说东方属木色青？本来如此。我们昨天跟大家说了，肝跟木星交换能量的颜色就是青色。但是这一副药喝下去，它会在左侧肝部形成一个青龙的形状，也有人把它称呼为太极（好像大家都不懂了，要么去看书，要么去找有道家内证修行的老师去请教）。就是中药喝下去，它会形成一个校正你太极状况的能量场，现代有人把它叫作“太极器官”。去找一本书叫《内证观察笔记》，我建议大家了解一下这本书，然后三年之内别吱声。就是学三年，别得到了以后，嘚了吧嗖的（方言，显摆的意思），哎呀这书好啊，你看我给你讲哈，你身内有什么七魂六魄，叫什么名长什么样……你先自己把它学会了，证完了再说。人家出版，那是人得到传承，证完了，讲出来。现在的伟大之处，就是这种书出版之后告诉大家，你想学就有稿本。你证完了，才是自己的，没证完那是古圣先贤的，是师父的，是人家的，不是我们的。

我们现在是为了给大家解释“病”从哪儿来，为什么药进去，它会改正、会祛病，解释这个道理，用中国文化的语言，中国文化的视角，来给大家说清楚。学中国传统文化嘛，这是优秀的传统文化。你说他为什么呈现那个形状？道法自然，本来如此，它自然呈现的，不是谁编的，不是想象的。所谓科学是什么？同样的条件下可重复，这是科学实验的定律。同样的条件可重复，就是你做这个实验，按照这种要求，得到的结果是一样的，他做也一样，这是科学，然后可以推广。我们现在所说的也是如此，大家明白吗？实验室就是我们的身体，你自己做，做完了，印证了，谁印证都是那样。好，被记录下来，就是这样。它是不是科学？它也是。但是这种人体科学，不被现在的科学所了解，不被现在的科学传统所接受，它需要自己内证。你没证着，你说没有，那证着的人根本就不跟你谈。你说没有就没有。像刘青云在一部电影台词里说的：“我又不是你爸爸，我凭什么告诉你？”

“无常”病

这个“病”就很有意思，中医说病来自风、寒、暑、湿、燥、火六气，这是常识。他怎么说“病于无常”呢？“病莫病于无常”，就是说病啊，最怕得一种无常病，风、寒、暑、湿、燥、火，你还能查到原因，有一些病你好像不知道什么原因就得了，对吧？比如说先天疾病，现代医学堪称发达，可是对大多数先天疾病无可奈何，连病因都不知道。那中华文化的伟大之处就在于先天疾病的病因，也能揭示得清楚，也能够告诉你病从哪里来的。比如说母亲怀胎这十个月哪一藏器受伤，你看西晋王叔和的《脉经》就知道了，里面都有解释，或者根据规则，我们能够推理出病因。那除了这个先天性疾病，还有一种疾病，被称为“怪病”，中、西医都没办法，这是什么毛病？他说了两个字“无常”。一提无常，大家往往又想起来了，得加上两个字，“黑白”无常。很多人听到就毛骨悚然，有没有啊？所谓的无常，它指“变易”，就是《易经》那个易。除了风、寒、暑、湿、燥、火，除了先天性的原因，还有世事难料。就是不好追查它的原因，得病就怕这种毛病。可是我们告诉大家了，这个病是指心病、心因，没有内因，它能找上你吗？

你不是那个人不会得那个病啊！以我二十年学习传统文化的经验得出一个结论，“人不该死，绝不会死”（笑声）。这怎么还笑呢？那推论就是，“人不该得病，绝没有病”，得了病还是反躬求己，简单一句话：哪儿缺德了？《黄帝内经·上古天真论篇》里有四个字“德全不危”，你德全就不会有危险；德不全，简单地说缺德，就有危，就有病。缺德不是骂人话，缺德是形容我们客观的修行状态、觉悟状态，不圆满都是缺。就像我们分析那个“义”，你一念感恩心都没觉悟到，你都亏义，所以身体得病你也不知道。这能明白吧？所以“病莫病于无常”，你不了解，但是你把所有的规律全部看清楚了，他还无常吗？没有了。

“明莫明于体物”，你说那是神，“心者君主之官，神明出焉”，它俩是一块儿的，我们回过头去看一下，“神莫神于至诚，明莫明于体物”，心要至诚到一定程度，做君主在身体里面正位居体，神明出焉，就出来了。你想知道就可以知道，你想明白就可以明白，怎么明白？自然明白，就是道法自然，追查病因也可以知道。但是对于没有“本德宗道”的人来讲，这个病就成了怪病，就成了无常病，怎么得的？不知道！怎么治疗？不知道！什么时候死？不知道！

你看张仲景给王粲看病，告诉他：“君有病，四十当眉落，眉落半年而死，令服五石汤可免。”王粲是什么人？二十八岁做了大夫，那真是志得意满，年少得志。他哪相信这个，你不一派胡言嘛！没吃。结果，四十岁眉毛掉的时候想起来张仲景说过，但是来不及了，六个月以后如期死掉。什么道理呢？《素书》里面有一句话，“非其神圣，自然所钟”，张仲景被称为“医圣”，那跟“医神”也差不多了，他怎么提前十二年断定王粲体内这个毛病？掌握规律嘛，就是通过至诚体物，他就明白这个运行规律。

为什么是十二？一年十二个月，人体十二经，人体十二官；一年三百六十五天，人体三百六十五络；这些数字它怎么就那么巧合？为什么叫天人合一？一年二十四节气，人体从上往下数，除了尾椎骨三节以外二十四个骨节；道家修行上的说法，一节一节对应着二十四节气，气机就是那样一周循环也是一年，你说我们对自己的身体有“多么不了解”！就像孔子对方人的子贡说的，哪还有时间去观别人的毛病，先把自己观察清楚了，弄明白了，才是明白人。自知者明嘛，你连自己都不知道，自己身体多少块骨头不知道，多少条经络不知道；什么时候第一个细胞出现了病变，不知道；不是一塌糊涂吗？那就是蒙昧呀，不是明白人，能不得病吗？能不得“无常”病吗？因为不清楚啊！

苟得贪鄙不久远　慎终追远民德厚

“短莫短于苟得”，“苟得”就是不该拿的东西拿了。《大学》里面说“货悖而入者，亦悖而出”，不是好道来的钱他也不会好道花，这是公理！

“短莫短于苟得，幽莫幽于贪鄙”，这两句可以连起来看，我们想象现在的贪官，就算是四十岁开始贪，贪到六十岁，二十年，拥有二十年贪腐的经历，那钱不少了，现在一个村长都可以有上亿的贪腐，能得到吗？不敢花。没事在家里拿着上百万的现金在那儿数？还真有这样的，看报道真有这样的，不敢出去花嘛，在家里数钱玩儿。穷怕了又不敢花，你说惨不惨？然后被发现，收归国库，判刑入狱，活得多糊涂！

我就多次举自己的例子，我说我就是亿万富翁，但是，是将来时。一算账就知道了，现在每月一万块钱，那我干二十年以后每月还一万吗？肯定会涨的，一年往多里说十五万，十年一百五十万，二十年三百万，是吧？假如说随着通货膨胀，国家工资在涨，然后我努力积德积福，变成二十年我能得六百万是不是？可是我活得长啊，退休以后要领一百年退休金，五个六百万是多少？三千万了；三千万再加上自己理理财，那按照过去二三十年的经验，现在的六百万到二十年以后有可能是六千万吧？这么算下去没准儿二三十年以后有一个亿。很轻松啊，等着呗，着什么急，而且越往后越悠哉游哉，越自在。我们有的干部想不开，没等退休，气死了！多可怜！所以“苟得”不能得，“贪鄙”不能贪。

下面这串数字，说的是明代的严嵩，大贪官，这很有名的，大家都听说过。他贪的黄金是三万二千九百六十两，白银是二十万零二千七百九十两，房间是六千六百五十七间，土地是二万七千三百亩。广厦千间夜眠不过八尺，美席千桌所食不过一饱。最后这严嵩是在自己家祖坟旁边搭了个小棚子，在贫困交加当中死去，苟得嘛！贪腐多不多？很多。所得短不短？一辈子没过完，就拉倒了，然后被全天下人鄙视。过了五百多年了，还有姓钟的编排他这点儿事，你说他犯得着犯不着？

孔子他老人家当世的时候好像没什么钱，可是我们每一次讲解经典的时候，就把他老人家请出来，不磕头也鞠个躬，人家的子孙走遍全世界受尊重。汉代以后一直到民国，历代长孙自动地被朝廷封为“衍圣公”，就是孔家的长孙都是这个称呼。孔德成先生出生的时候，民国那是派兵把守着啊，等着这个婴儿出生。就是祖宗积德嘛！我们现在哪有这种德行厚的？小孩到医院去出生，能排一个好一点儿的病房不错了。孔家祖宗之德积得如此之厚。所以中国文化里面说：有百世之德，就有百世子孙保之。好孩子会投生到你们家里面，有德行，男的聪明智慧，女的端庄相好。

所以我们现在如果中国传统经济学专业招生，我坚持三代必须是中国血统和国籍，然后所有的获得过什么“五一劳动奖章”啊、“全国道德模范”这样家庭的子孙，包括抗日战争烈士的后代，能免费就免费，能给优惠就优惠，给予优待，就是要恢复中国古代“福荫子孙”的传统，它可以帮助社会稳定，帮助大家向善离恶，并且让为国奉献乃至捐躯的民族英雄的后人不再心寒。就是因为你祖上有德，给你特殊的条件。你肯受教，就教给你，好的资源就分配给你。如果你觉得这不公平，我觉得放在一个长时间轴上很公平，“慎终追远，民德归厚”。比如说，如果我看到这种情况，只要我积德就会有人对我孩子好，那行，我现在就干好事。

这个事我也常讲，我太太看《读者》，好像十几年前了，《读者》最近这些年见不着了。她看一篇文章，说有一个女士写文章，假设自己有一千万才安全，两百万买房子，两百万买汽车和家用的东西，两百万养老，两百万旅游，两百万给儿孙存着，数了五个二百万出来，说一千万安稳了。我说她有一个亿她也不安稳，她有一千万以后会觉得有一个亿才安稳，有一个亿后会觉得有十个亿才安稳，这种算账，是不知止。所以太太问我，你觉得我们有多少钱留给儿孙。我说别说现在没钱（因为我们到现在也没还完银行按揭），有钱也不必留。给他留一个什么东西呢？我们俩现在积德、积善，将来别人听说这孩子的父母是谁，愿意给他一个机会，足够了（掌声）。感恩大家。这就是祖德的作用，给你机会，但你能不能干得长远，是你自己的事情。有些人说那你这是叫讲人情，不讲法。这其实就是中国古代的一种法，而且它的前提是，每一代人不辱没祖宗，人不犯法，他就是值得信任的那个人。人有家传，人有家教，人有家规，你不用国法去限制他，人本身就已经是一个有道、有德、仁义、有礼之人，上哪儿选这样的好人？你不要说我们以前这样讲，我问过很多去过西方的，包括了解西方教学的，他说那些名校招生，照样很是看重你祖父母是谁，看你父母是谁，类似这样的，是名人之后，优先招进来。因为你的成长环境，已经证明了你比其他的孩子可能有更好的教育资源。你以为西方傻？他们也不傻。这可能是东西方要共同承认的一个规范，祖德的作用，这一点在以前的中国更加突出。

“寸土之心”事难成

“孤莫孤于自恃”，皇帝称孤、寡、朕、寡人。朕呢，您看在屈原的《离骚》里面，那个时代，朕还不是皇帝的专称，就是“我”的意思。战国的时期，每个人都可以称“我”为“朕”，但后来就不能这样讲了，就变成了皇帝的专称。那“孤莫孤于自恃”，就怕是光杆儿司令，就是周围所有人都离你而去。我们举千百年来被人熟知的两个帝王，一个是商纣，一个是隋炀帝。

商纣王，奇才，力大无穷，可以手缚野兽，让我们现在想就像斗牛士一样，一头牛他就可以自己凭人力制服，狮子、老虎也可以制服，力大无穷。然后，口才是天下一等一的口才，死的能说活喽，别人辩不过他。这是司马迁《史记》里面就写着，口才特别棒，没有臣子能够辩得过他。可是，邪淫，大家知道吧？荒淫无度。然后杀大臣，剖比干心。最后，丢了天下。看商朝的历史，几次衰落，几次有君主大臣修德振兴。因为商朝的历史将近六百年，一直是统一的国家，它还不像周朝后期变成战国，不听中央政府了。尽管文王那个时候说三分天下有其二，但文王也要尊殷商为天子。说明他们的祖德非常之厚，可是败在他的手里，亡国，改朝换代。

隋炀帝，也是奇才，十三岁封晋王，拱卫京城。十三岁，我们现在说在家里面都是孩子，那你想他早熟不早熟？早慧不早慧？而且能征善战、能文能武，京杭大运河就是从他那个时候开凿的，开始的。可是呢，“苦莫苦于多愿”，这个炀帝就“多愿”，愿望很多，很多想法，结果把国库耗空，引起隋末大乱，群雄并起，逐鹿中原。最后，李渊父子起兵太原，建立唐朝。

我们的历史极为相似，大汉之前有一个秦朝，多少年？十五年吧？那么大唐之前有一个隋朝，短命吧？秦朝和隋朝都是两代皇帝，秦朝到二世而止，隋朝经过文帝、炀帝，到炀帝就拉倒了。本朝之前，中华人民共和国国号之前，还有一个“朝代”，多长？二十八年。像不像汉唐之前有秦隋？张学良东北易帜的意义就是，当时的中华民国表面上完成国家统一，这我们学历史的都知道，所以那是个统一的多民族国家。可是很快，四大家族贪腐，退守台湾，成为历史。联合国现在承认的就是我们中华人民共和国。那新中国目前展现的这个局面，我们为什么说是一个盛世的当口儿？它和大唐、大汉，往前数很类似，就是前面都有一个时间不长，一二十年的那么一个统一的过程，然后断了，继起的这个朝代源远流长，您说这历史的轮回像不像？

我们谈帝王，那你当领导的呢？当董事长的呢？当校长的呢？当会长的呢？“孤莫孤于自恃”，这个“恃”很有意思，我们解释《诗经》的“诗”，说是“寸土之言”，一个伟大的传统，心灵纯净、觉悟之后，发出来的语言就是诗或者是偈。这个寸土之心呢，就心胸狭窄了，你的心就一寸土那么大，也就是心眼儿小，心胸狭窄，容不下别人，就很麻烦。自恃，只能装得下自己，那就成了孤家寡人，然后孤立无援，远者不来，近者不亲，做任何事情都不成。

这个要用啊，当下就要用，用的标志就是有人愿意帮你。你成功的一个标志，学习转变自身的一个成功的标志，就是有不认识的人愿意帮你，无偿地帮你，那你感恩是必然的。这件事情怎么解释？还是天人合一观，还是广义相对论。而且老夫子在《易传》里面还是给我们讲清楚了，这又是以经解经，用《易传》的经文来解释这句话。老夫子怎么说的？“君子居其室，出其言善，则千里之外应之，况其迩者乎？”你在这个屋里面讲的全都是善言，千里之外的人都会有相应，都会有响应，更何况是近在身边的人呢？“居其室，出其言不善，千里之外违之，况其迩者乎？”违反的违、违缘的违、违背的违，就是近在身边的人都不会支持你，都会反对你，都会离开你。所以自以为是的这些领导人，事业衰败的征兆之一，就是身边的能臣良将离你而走，另择明主而栖。

任疑则危　多私易败

“危莫危于任疑”，对于领导人来讲，最大的危险就是你任命他了，你还怀疑他，最糟糕。你派他干这个事情呢，你还不相信人家，这和后面有一句话是互相注解的，“自信者不疑人，自疑者不信人”，说的就是这个嘛！我们举崇祯帝的例子，崇祯帝是明朝最后一个皇帝，是想中兴大明，新官上任还三把火呢，更何况当皇帝，他也想把祖德发扬光大，但是他太怀疑别人了，十三年当中换了九个将领，任命一个怀疑一个，任命一个怀疑一个。怀疑是什么心呢？怀疑是松动之心，所以江山不固，严重了就会垮掉。虚云大师有一句话："若人识得心，大地无寸土。"他怀疑别人，说明内心不定，总是在担心，就"诅咒"了自己的朝代和江山。最严重的"戮辱所任者危"，那"危莫危于任疑"，只是《素书》里面就有好几个句子在说同一个事，对不对？屠戮自己的大臣，这危险不危险？他把袁崇焕将军凌迟处死，北京人食其肉，把身上的肉割下来，买来就吃啊，这朝代能不亡吗？所以金庸写一个小说叫《碧血剑》，说的是袁将军之子袁承志的故事。

做一个事业，即使对方不是你要找的人，那你知道了以后，要好好地处理，不要想着找一个完全符合自己心思、心愿的人，那是你痴心妄想。我们已经讲过了，安排任务的时候你要想自己的德行、德能，然后你能感得什么样的下属、员工、同事、伙伴，这样想才能感得越来越多的、专心致志的、诚意正心的好员工、好同事、好伙伴。否则的话，越怀疑越糟糕，一个不如一个。包括结婚都是这样，离了又找，找了又结，结了又离，回过头去看，还不如原配好。多少年的教训，多少代的教训。所以夫妻之间疑，破家；一个单位领导之间疑，怀疑自己的下属，破事，这事业做不出来，一推，一拖，时机一过，没有了；皇帝天子任疑，亡国，改朝换代，它如此严重！

"败莫败于多私"，事业成败，有没有前因？有的。要想不失败，你就多给予别人。柳传志大家知道，被称为联想的教父。一开始都听他的吗？不是啊！柳传志把好的条件、好的待遇都给别人，他只要一个决策权。你看柳传志高不高？据说柳传志在中国企业家里面被称为老大哥，就是中国杰出企业家联盟，柳传志是老大哥。他能把联想做到今天这个地步，所以被称为教父，很不容易，不是一帆风顺，没有一个人是一帆风顺的。他这个事业能成立，就是在性格当中摒弃了“多私”这一条。你要房子给你房子，要汽车给你汽车，你要多分给你多分；我只要决策权，那就是把握这个事业正确的方向，就这一点，所以联想能够走到今天。

我们吸取这件事情的经验，那就是您把好的条件、好的待遇包括好的面容，多给自己的同事、伙伴和员工，这个事业就可能成立。你给人好的条件，作为领导天天甩脸色给别人看，“廉者不受嗟来之食”，你以为你给得多？脸色不好看，人都走了。所以“多私”这个“私”不光是物的问题，慷慨，还包括好的语言、好的脸色、好的眼光，全方位的奉献、贡献。

以明示下　任人唯贤

第四章讲完了，现在进入第五章。

遵义章第五

以明示下者暗，有过不知者蔽，迷而不返者惑，以言取怨者祸，令与心乖者废，后令缪前者毁，怒而无威者犯，好众辱人者殃，戮辱所任者危，慢其所敬者凶，貌合心离者孤，亲谗远忠者亡，近色远贤者昏，女谒公行者乱，私人以官者浮，凌下取胜者侵，名不胜实者耗。略己而责人者不治，自厚而薄人者弃废。以过弃功者损，群下外异者沦，既用不任者疏，行赏吝色者沮，多许少与者怨，既迎而拒者乖。薄施厚望者不报，贵而忘贱者不久。念旧而弃新功者凶，用人不

得正者殆，强用人者不畜，为人择官者乱，失其所强者弱，决策于不仁者险，阴计外泄者败，厚敛薄施者凋。战士贫，游士富者衰；货赂公行者昧；闻善忽略，记过不忘者暴；所任不可信，所信不可任者浊。牧人以德者集，绳人以刑者散。小功不赏，则大功不立；小怨不赦，则大怨必生。赏不服人，罚不甘心者叛。赏及无功，罚及无罪者酷。听谗而美，闻谏而仇者亡。能有其有者安，贪人之有者残。

进入第五章之后，它的实践应用的意味、指示结果的意味就特别明显，全都是在事实当中可以找到的。

“以明示下”，“明”，我们说主明，《黄帝内经》里面说的“主明则下安”，有一种领导人就怕什么呢？就怕是不发挥下属的聪明才智和能力，他也等于是不相信别人，他也等于是“任疑”，就自己聪明，就自己行，那你看吧，这个事业就是灰暗的，发展不了，不能发扬光大，自以为聪明。

诸葛亮写过一篇文章，评论汉高祖和刘秀，就是西汉和东汉两个皇帝，都是属于开创者。有人问他高祖开创大汉的时候，将星闪烁，一批杰出的人才，文武全能，文有萧何，武有韩信，谋有张良，能战还有曹参，好多人。他说为什么现在我们这个皇帝（是指东汉开创的这个皇帝，问诸葛亮嘛，那是东汉末年），就是刘秀，没有高祖那么多人辅佐他，他还能够复兴汉室成功呢？刘邦有那么多人辅佐他建立大汉，我们能理解，那刘秀好像没有那么多人才啊，怎么理解？诸葛亮的回答是：刘邦文不如萧何，武不如韩信，谋不如张良，所以就显出他周围人的光芒；而刘秀这个人文武双全，谋略过人，忍耐力过人，他使他周围的那些“星星”都因为他的“日光”隐没了。就这么个比方，说清楚了两位开国君主的区别。如果他是太阳的话，他一出来天空当中只有他，你看不到别人，他比他那个远祖，二百年前的刘邦，综合素质要好太多了。这是诸葛亮的评价，大家可以找原文来读。

诸葛亮不是书呆子，诸葛亮也是能文能武，让我最诧异的是姜维和诸葛亮比武是诸葛亮胜了。我们认为他就是坐在轮椅上拿个羽扇，手无缚鸡之力，书呆子，结果他赢了。讲这件事情的呢，是形意门的大师李仲轩，所以由不得我不相信。那我就想什么原因他俩比武他能赢？那李大师给的结论就是，练到一定程度的人，脑子化了。脑子化了的意思就是身体和心念如一，他可以采取先手，你那头儿一萌动，这头儿已经知道了，直接采取下一招，把你就封住了，脑子快。智慧成就者，身体完全转化，会不一样的。修行过关的人，一看就知道。就像我们说看光，看气色就知道你过没过关。

清代有一个皇帝是过了关的，就是雍正，这是有史实记载的，你要不服气的话，你说我学传统文化，我也看过很多书，我还不如一个清代的皇帝？那你看一看《御制拣魔辨异录》这本书，不得了啊！御制，皇帝写的嘛，叫御制；拣魔，挑拣的拣，魔鬼的魔；辩异，辩论的辩，异端的异；《御制拣魔辨异录》，你看一下。他当年修，他有老师指导，有一天，他突然悟了，飞奔而出，他的老师看着他就说“你对了！你对了！”大家知道吗？你不用去，师父啊，你给我一个什么证，证明我已经开悟了，有这一念你就是蒙昧之人。开悟的话，我们说心开意解，头光也都不一样了，就是你的能量场不一样，明眼人一望即知。

关于“光”的故事

说到这里给大家讲个故事吧（掌声），这个故事记载在清代大学者纪晓岚写的《阅微草堂笔记》里面，《阅微草堂笔记》是他留下的唯一手写的著作。他作为一代大才子，《四库全书》的总编纂，人们认为他学富五车、才高八斗，为啥自己不写书？他说世间的问题老祖宗都已经解决过了，到书中去查好了；查不着，说明你阅读范围不够；查到了不理解，说明智慧不够；理解了不干，说明体不勤，实践能力不够。他这一辈子就写了这个《阅微草堂笔记》传世，“阅微草堂”相当于他的书斋，笔记就是自己听到，记录下来的。为官、从军、小时候听父母亲人讲啊，记录下来都是一些“子不语怪力乱神”的事情。所以它相当于和《聊斋志异》差不多，但是它和《聊斋志异》区分的地方是什么呢？《聊斋志异》是人写出来的鬼故事，可是他这个笔记据说都是确有其事，有名有姓有地点，所以他记下来。他编纂《四库全书》那都是入史的，然后他单独留下来这一点，那就说明是很有考虑，就是世间有很多事情你不理解，但是它真实存在，不能入正史，我留下笔记，传之后人。有这样的一个作用。

要给大家讲的这个“光”的事儿也是他笔记里记载的，是他的妈妈雇了一个年轻的女士，帮助做饭的，她经历的或者是了解的这么一个真实的事情。一位男士晚上走路到一个地方，发现这里山峦起伏，然后天色也暗了，就停下来说等天亮再走吧。他坐下来以后，对面就来了一群人，为首的非常伟岸高大，而且衣饰华丽，他很害怕是不是强盗，就跪下来磕头求饶，意思我家里还有老母要养，你别杀我，我也没什么钱。对方告诉他，我不是要害你，我是给老虎分配食物的虎神，一会儿呢，你就等着就行了。然后他就看着真是一群老虎过来，听着他分配任务，讲的话他完全听不懂。

在这里跟大家说一下，《论语》第五篇叫“公冶长第五”对吧？公冶长是孔子的弟子，孔子把自己的女儿嫁给他，为什么把自己的女儿嫁给他呢？因为公冶长被误解坐过牢，他不能把哥哥的孩子嫁给他，要不别人就会说闲话，说你看你把你自己的女儿嫁挺好的，侄女嫁了一个坐过牢的人。公冶长有一个特殊的才能，就是知鸟语，他被误关到牢里面，就是因为他听了鸟语以后产生的误会。他在走路的时候听到鸟说，清溪旁边有人死了，他往前走，碰到一个母亲找儿子，他说清溪旁边你去看一看，是不是你儿子。妇人到那儿一看是儿子，儿子死了，就告官。然后说谁告诉你在这儿死了？说谁谁谁，当时的官府就把这个公冶长抓起来了。你怎么知道这儿有人死了？他说我是听鸟说的，这种说法众人能接受吗？所以就给他关牢里头了。那时候的牢可能也都是用那个栅栏围的，他就听栅栏上站着的鸟说，前面白溪那个地方有人运粮，撒了，有食物，大家都去吃。这是鸟语嘛，他听着了，然后他就跟监狱长说我真的懂鸟语，现在你领人去看白溪旁边是不是有一车粮食撒了，有鸟在那儿吃，如果不是你治我罪，我服气。监狱长领人到那儿一看真是像他所说的，有鸟在吃米，情形如公冶长描绘的样子。因为他被关起来，他也没看见啊，所以大家就觉得这哥们儿真是懂鸟语！你说我们懂英语、懂法语这容易理解，鸟说话能懂，古代都不理解，但是孔子的这个弟子就有这么一个奇才，真是懂。所以“还人清白”，从这里来的，清溪白溪，还人清白，搞清楚，这就是渊源嘛！不辨清白，不辨青红皂白，你就是诬陷人，也是从这里来的。

我们回过头来说这个虎神的事，他讲的话这哥们儿也不懂了。我估计公冶长在现场的话，他能懂鸟语，能不能懂虎语呢？是不太确定的事，反正是一定会有人懂，但是他听不懂。说完之后，这些老虎全散去了，剩下一只在这儿等着。过一会儿，来了一个男的，挑着一个担子，这老虎就扑上去了，扑到空中的时候，这老虎一下子就落下了，没吃这个男的，但把这个男的吓跑了。再过一会儿，一个女的挎个包过来，老虎起来把这女的吃了。然后那个分配食物的虎神就过来，把女的包里面的钱拿出来，给这个看的男的，意思你要奉养老母，有孝心，这个钱你拿回去。为什么老虎没吃第一个男的呢？说这个男的尽管脾气非常暴躁，大家不太喜欢他，但是他有一善，他抚养他的寡嫂和孤侄。就是哥哥去世了，剩下一个嫂子和一个孩子，他做苦力养这对母子，这是他的善心。就凭这一点儿善心，说他的脑袋上还有那么一点点亮光。老虎吃的食物，一定是老虎看不着头上有亮光，也就是说徒具人形的畜生，徒具人形的畜生头上没有这种灵光，老虎才可以吃。否则的话，见到头上有灵光的人，老虎是不敢吃的，这是虎神下的指令。那么这个女的为什么要被吃掉呢？这个女的瞧不起丈夫，离婚之后……（现场爆发出笑声，有听众说：这里这种人太多了！）那我不得罪人吗？（听众说：不得罪人，救人。掌声）讲故事哈，大家事后去找《阅微草堂笔记》来核对。然后劝大家不要去动物园，尤其不要去野生放养的动物园（笑声）。她瞧不起丈夫，然后不是离了就是跟一个男的跑了，还虐待前夫的孩子，可能把孩子打得很惨，体无完肤，就是说这女人一点儿德行都没有了，头上一点儿光都没有，就是徒具人身的畜生，所以成为老虎的食物，被老虎吃掉。

这件事情被看到的这位男士讲出来，然后张太夫人雇的帮厨的这位女士转述出来，张太夫人又讲给纪晓岚先生。他小的时候，妈妈讲的嘛，所以就印象很深，这件事情记在《阅微草堂笔记》里面。

那您看我们头上有没有光啊？大家放心，您念一句经典，头上的光就起来了（掌声）。是我看经典里面说的，念一句经典，头上的光就放大增长，所以常念经典的人，那个头光和身光非常大。不过这个光不是我们肉眼可见的可见光，我们知道可见光就是赤橙黄绿青蓝紫，是短短的一个光波，红外之光和紫外之光，我们都看不见对吧？那你看不见的就不存在吗？那不是啊，不可见光也存在。但恰恰这种性光是不可见的，可是明眼人能看见。比如说尹关长就能看到老子之气是紫气，这是历史、先祖证明过的。练气功的人练到一定程度，心灵清净到一定程度的人他也能看见。这是自然的，不是谁编派出来的，是“自然所钟”。手机都能放射出无线信号，更何况我们活体呢？道理是一样的。

那怎么看光？多念经典，你既能发光也能看光。所以“光芒万丈”、“光明磊落”，你心里正大你就光明，你以为那个话是人编出来的吗？“望之不似人君”，说明他心理黑暗，没有德相，就不行；光芒万丈，就是那个光波发射出来。大家要注意！背地里干坏事特别多的人，不敢正眼看你，他心里发虚，这几年我遇见过。有人就问，说有一些小孩儿见到你之后他怎么害怕？我说两种可能，第一种可能呢，我又把不是人的嘴脸露出来了，没修好，小孩子害怕；我说还有一种，你问问他自己一个人的时候都干了哪些事，就能解释为什么眼神不正，为什么不敢接近常读经典的人。还有一种情况，老人告诉我们，就是很小的小孩子，如果你去抱他，他很欢喜跟你，说明你这人不错，修为不错，可能命相也长；尤其是有一些上了年纪的人，去抱小孩子，他不干，那就要小心，可能你这个人周围的这个光已经变灰了，甚至变黑了，寿命不长远，要小心。

所谓明眼人不用算，自然而然看我们的物理现象就知道了。有些人就是光明盛大，你不知道他做了什么事情，但是光明盛大，内气非常足。念经典就有光，是性光。古代的读书人都读经典，他要求取功名，要读四书五经，据说头上至少一尺的光芒，顶出来，很强烈，所以他走夜路，他也不害怕。

《阅微草堂笔记》这个故事绝对有教化人心的作用，那你说他是不是编出来教化人心？这种事情是编都编不那么圆满。我们有些时候你比如说看电视，有些男的在外面搞了女人，回去跟老婆编，一说，那老婆也聪明啊，“编，接着编”。编不那么圆满，那就是确有其事。所以你不能证伪的事情叫存疑，不能一棍子打死，说他是妄言。

这件事情对我们有帮助，你要是想光明盛大，多念经典。你说我不识字，不念经典行不行？行，诚意正心，孝子头上的光芒不说万丈吧，那肯定是耀眼的；为国家尽忠甚至牺牲了的功臣，也可以说光芒万丈。就是心诚、心敬。“此心光明”是谁说的？王阳明啊！1508年龙场悟道之后，他成为最有名的文化大师，影响东亚几百年。最后弟子问他，还有什么要交代的？“我心光明，亦复何言”？我心里一片光明，还有什么可说的？弘一法师留下偈言：“华枝春满，天心月圆”，都是形容自心光明。

那我们看看自己的心地有没有阴暗你就知道了，不用去多想，你就想一下自己有多少私？多少挂碍？多少不良嗜好？所以大道至简，说到现在往后都是废话，不需要再解释什么是心，怎么修，读不读经典都可以修成，识不识字都可以修成。唯一的一点就是心诚不诚，心干净不干净。所以广成子传给黄帝的那是根本的心法：“无视无听，抱神以静，形将自正；必清必静，毋劳女形，毋摇女精，乃可长生。”

时间到了，下午接着讲。谢谢大家！

第九讲

“书读百遍，其义自现”的前提是心里干净、诚敬，才会有豁然贯通的感觉；作者通过历史故事告诉我们，祸从口出，说话一定要当心；本讲更多的是告诫管理者在下命令、授以官位、用人以及对下属的态度等方面需要注意的地方，要严以律己、宽以待人。

各位同胞、各位同仁：

大家下午好！

读书这件事

我们接着学习《素书》。有一句古话叫“书读百遍，其义自见”，两天来大家可能读了十几遍，不知感受如何。读书可能会有一个关口，这是因人而异的，说不定读到哪一遍，会有一种豁然贯通的感觉，所以不用着急。所谓的讲解呢，听也可，不听也可。听的好处是可以借鉴一下其他人的理解和行持，如果讲得稍微通透一点儿，可以帮助我们更早、更好地契入境界；如果没有这个机会，自己读，只要心诚，只要遍数到一定程度，自然就通。百遍不现，千遍会现，可是如果心不诚，万遍也不会现。

唐代有一位修行人，名法达，自己念《法华经》三千遍，尚未开悟，去见慧能大师。大家想一下，如果您科班出身，大学毕业，面对一个没受过小学教育、干苦力出身的人，能不能心悦诚服？就是心里面能不能真的很恭敬，这是老师？一般人可能是不大容易做到。所以他在面见慧能大师的时候呢，磕头，头没碰到地，“来礼祖师，头不至地”。大师就问他，刚才你行礼，头不碰地，你心里一定有一个东西，请问那是什么？“礼不投地，何如不礼？汝心中必有一物，蕴习何事耶？”他也实在，就是说我念《法华经》三千遍。要知道这件事情换作一般人会有一些赧然的情绪，因为慧能大师是不识字的，他读不了经文，别说三千遍，一遍他都“遍”不了。可是法达禅师念三千遍，心有自负，显然这是没开悟啊，慧能大师就告诉他，那你念给我听好了。于是他就开始从头背诵《法华经》，刚念完前二品到第三品“譬喻品”的时候，慧能大师就说，不用背了，就给他讲解这部经的大意，说“此经原来以因缘出世为宗”，世人外迷着相，内迷着空，若能于相离相，于空离空，即是内外不迷。可是现实众人，常常自己障碍光明，贪爱尘境，外缘内扰，甘受驱驰，不得休息，疲苦不堪，便有劳大圣之师，从定中缘起，种种譬喻，苦口婆心，劝人明真达实，早日寝息，不要向外驰求，只要在内心中恒常关照，正心诚意，常生智慧，止恶行善，就是正知正见。所以，经本无过，不障心念。迷悟在人，损益由己，如果口中念经心里相应施行，就是转经；可是如果有口无心，口诵而心不行，就是被经文所转，不得受用。这种情况，儒家亚圣孟子所谓“尽信书不如无书”。法达禅师听了六祖解释之后，言下大悟，当下就明白了，这一次心悦诚服地磕了头，头碰到地上。

所以“书读百遍，其义自见”，前提是你心里干净，没有我慢，不觉得自己了不起，而是很纯粹、很纯净地去接受经典上的教诲，没有其他的杂七杂八的想法，它才真的管用。所以读书这件事情，跟慧根相关，有些人可能一遍就通，甚至过目不忘；而有些人呢，不下百遍的功夫就不行。

我是属于根器比较差的，所以就得下苦功夫，十几遍几十遍地往下读。比如说我最初接触《黄帝内经》，几十遍地那么读，尤其是某些自己感觉是关键的、精彩的段落，就一遍一遍地，没事拿出来念一遍，往下读，慢慢地有所感悟，然后发现，古代的老师不欺骗后代，不欺骗我们。假定用心纯净的情况下，一般的经典，读一百遍，肯定能够有所领悟，可是如果你着这个相，着这点儿功夫，那就不一定了。

在这个学习圈子当中，你要听到谁谁谁念什么经多少部、多少遍、学多少年了，往往就有一种羡慕的口吻；有些人说起这件事情，就有一种自负的口气，这都是没明白、没觉悟的人，会障碍着自己。所以用功，主要是讲自己心诚不诚，至诚就通神，“神莫神于至诚”，不至诚难以感通，就是背诵多少遍也未必能够了解他的真实意思。这也可以说是有过不知，心地上自己有过错自己不知道，还觉得自己挺好，所以念多少遍不明白，就是障碍。

还有一种说法，叫文气不对。现在，大家看文言文就感觉到难，读不懂，就是习惯了看白话文。实际上，我自己的体会，文言文是真美、真好，音韵也好，读起来朗朗上口；朗朗上口的同时呢，还震动血脉，它有一种治病的效果。如果您觉得古文难，那实际上是接触得少，就像一个人，接触得长了，对他的脾气禀性非常了解。文言文呢，如果你有时间连续地下七天功夫，就能入门。说字不认识，查呗，现在网络特别方便，输入进去就给你输出来，很容易。所以别害怕，当你读进去你就会发现，真正的好书、好文章都在古文里，都在文言文里；而所谓的中华优秀传统文化，都在经典里面，经典里面那个话，纯粹而干净。

我们现代人不能迷而不返，不能不知觉，白开水似的表达，你读一百万字，可能对我们智慧和境界的提高也没有什么帮助，可是一句经典上的话，就有可能使我们登堂入室、醍醐灌顶。因为中华文化这个特点呢，它就是圆觉贯通的文化，一句话把你点醒、震醒。醒了以后（本来大家都是觉悟的），你的心就能够感通，就能够知道语言背后所要表达的实质，这就是不惑。“迷而不返者惑”。孔子到了四十岁说自己不惑，不惑就已经是不动摇，“何期自性，本无动摇”，信念坚定，不会动摇，真的清楚明白怎么会动摇？任他说得天花乱坠，也不会受他蛊惑。

“以明示下者暗，有过不知者蔽，迷而不返者惑”，这三句话仔细看，好像是谈的世间的谋略、技术方面的事情，但还是深达道德、深达自性、深达本心。我们应该有过而知、有过而改，当下就改，知患即离。知的那个当下就离开迷惑，就觉悟。最麻烦的就是迷而不知返，你看这个“惑”字，心上一个或者的或，啥意思呢？听完之后，公说公有理，婆说婆有理，你说的好像有道理，他说的好像也有道理，到底哪个是真道理？不知道啊，就是一会儿东一会儿西。

听清楚了以后，听明白了以后，关键是行，是落实。全国可能有一种听课专业户，追着去听课，钱也不少花，有些人为了听课花上百万甚至千万，未必明白。真正的机缘到了，福德到了，其实一节课就可以明白。每一部中华经典，总会有一句话适合我们的心性，让我们一下子打开自己的宝库，对此要有信心、要有耐心，自己试着看。祝愿大家早一点儿得到那一句！就是总有一天你会念着念着“呼啦”一下就能够理解所有的经文，啊，我明白是怎么回事了，都是从心地里流露出来的。那个时候会对所有的古圣先贤升起真正的诚敬之心，磕头是很自然的事情，就是折服了我，你把自己化掉了，这才叫“文”化“人”，用那个古文把自己“化了”，不再觉得自己了不起。

说话要当心

“以言取怨者祸”，祸从口出嘛，这就是警告，说话要当心，不要刺痛别人，有些人说话不刺痛别人好像不会说话，那后面等着的就是祸患。我们不是耍滑头，而是修道修到一定的程度，人讲话自然平和中正。如果不是父母教育孩子，老师教育不听话的孩子，在绝大多数的情况下都应该是有话好好说，即使是孩子犯错误了，当父母的也要有话好好说，慢慢地培养。

我很惭愧，我家小孩儿大概两三岁的时候，有一天，我在那里写东西，也不知道赶个什么稿子，写得很急。小孩儿就很好奇，说爸爸你在干吗？顺着腿往上爬。我当时就是有点儿着急，可能孩子一下看你脸色不对就害怕了，拿着笔就跑了。就是瞅你不是人的脸色他就躲开嘛，无意当中就是抓着笔。那笔拿走了，我没法写了，就发了脾气，小孩儿吓得离远处把笔扔给你，他有恐惧心理嘛！长这么大，唯一的一次，拍了小孩一巴掌，打在屁股上，那孩子他委屈啊，他也哭。事后我就觉得，这个爹当得实在是不配，恰恰孩子等于是受了一个好的引导，你在那儿写东西嘛，他就好奇，想看一看，他天然地对父亲是没什么防备的，然后你拿出那一副嘴脸，脸色一变，那他当然恐惧啊！所以那一天我发誓，“这一辈子不会再动你一个手指头！”脸色的问题、口气的问题，我慢慢改，争取这一辈子能够柔和对人。人的脸色和说话很容易招来祸患、招来误解。误解还好一点儿，你自己家里人，无非就是生一点儿气，过一段时间过去了；家外可不这样，有些结儿是死结儿。所以话怎么说，千万要注意！

汉代有一个将军叫李广，大家还有印象，对吧？有一句词，叫“冯唐易老，李广难封”，这个李广战功赫赫，总是难以封侯。古代同姓才能封王，这是为了天下的稳定，王，就是皇帝的儿子或者是兄弟才能封王，这是古代的传统。一个诸侯国他做国王，中央那叫天子，异姓的最高封赏封侯，所以叫王侯，万户侯也抵不上王的地位。但李广那么多战功，比他差很多的都能封侯，他就封不上，那他也很郁闷。所以《史记》里面记载，有一天和一个高人喝闷酒、吃饭，然后那个人就问他，将军你扪心自问，你这一生当中心里上有没有过不去的事情，李广说有。就是在一次征战当中，对方投降了，大概是一百多人，投降放下武器了，他还是下命令给杀了，他说就这件事情，心里面想起来就觉得不舒服。那人说就是因为这个事情。战场上杀人，互相拼斗，没办法，既然人家投降了，再杀，就违反了上天有好生之德，所以这个“侯”始终封不上。

那么“因言取祸”还有一个例子，就是李广有一次在田野间喝酒吃饭回来晚了，回到霸陵的时候，有守卫不让他过，然后李广的随从就说这是“故李将军”，故李将军，就是说他是原来的大将军，这个意思。用我们现在的话说，比如说某部的原部长，就是曾经担任过部长，现在呢卸任了，或者叫“老部长”，李广曾经做过将军，所以是“故李将军”。结果这个守卫说话就有点儿难听（因为霸陵，熟悉汉史的会知道，那个地方是皇帝的陵墓），他说在任的将军都不许过，何况是故将军？那意思就是现任的部长我都不会让你通过，更何况你已经卸任了，大概这么个口气，愣是没让进。李广只好在外面的亭子上过夜了，文中没再写李广什么反应。不多久“匈奴寇边”，寇，就是流寇的寇，古文那文法都极其简洁，就是匈奴作乱，攻打边境。一旦有战事，像李广这样的人一定还会被启用，国难思良将，他能打仗啊，所以汉武帝又启用他，又做了大将军，叫右北平守，一个官名。他一上任，就让人把当年守卫着霸陵的那个守卫找来，到军营就给杀了！这是不是“以言取怨”呢？如果这话好好说，“哎呀，是李将军啊，您别为难我们，皇上有命令，确实是不让通过，我们也没办法”……你想是不是不会有杀身之祸？

这种事情在今天还会发生啊，大家知道吗？不看史书、不吸取历史教训的、这种口气说话的人，今天就在，我们这个话不是胡说，人性如此。总有那些人，所谓仗势欺人，觉得理直气就壮，那你怎么知道对方是不是怀恨在心呢？是不是伺机报仇呢？不是仇的话，伺机抱怨呢？就想找机会收拾你呢？我们有些时候确实有过不知。所以说话说得狠了，过头了，就容易取祸。要反省自己，争取做到“言满天下无口过，行满天下无怨恶”。

准确下令　端正态度

“令与心乖者废”，你发出那个命令和自己真实的内心不是如一的，心里面跟表现出来的是两个，他说这个结果最终会废掉。我们可以慢慢体会。还是那句话，从第五章到第六章，几乎每一句话，里面都有无数的史实和现在要发生的事情、即将发生的事情可以拿来作注解。为什么是这样呢？恢复到天人合一的道理，大家想一想，我们这个世界本质上是内心呈现的结果，你言不由衷，世界一定会矛盾，呈现出来的一定让你感觉到不顺畅、不清晰、不果断。

后面这个也是，“后令缪前者毁”，刚发出一道命令，马上一拍脑门儿，不对，马上就改，朝令夕改。刚得到你的命令，后面又追加一道命令，底下这个人刚刚去执行，说往东，你又说往西，一会儿东一会儿西，风一阵雨一阵，不定，这个事业终究会毁掉。

“怒而无威者犯”，本来发怒从我们学习传统文化来讲就不是一件好事情，脸红脖子粗，血压上升，伤肝，肝一伤，五脏俱伤，你自己受伤，还伤周围一圈儿人。这个环境是指你在众人当中发脾气、发怒，然后你又没有那个权威，别人就会侵犯、冒犯，你自己脸上就会挂不住，怒而无威嘛！即使是有威者就可以怒吗？实际上也不可以，只不过人家慑于你的权威，慑于你老师的地位，那学生没办法。怎么处理呢？即使有威严，也要柔声对人。《论语》上讲孔子是个什么样的人呢？弟子认为是温、良、恭、俭、让，还有就是“望之俨然，即之也温”，冷不丁儿看上去这个人好像是很威严，可是跟他一接触呢，很柔和。君子坦荡荡，不怒自威，内心化掉，所以对人柔和，他就不会有人犯颜、犯威、犯上。

“好众辱人者殃”，“殃”是很麻烦的，就是遭殃嘛！您看一下这个“殃”字，一个歹，一个央，“央”有一个意思就是指灭、亡。汉代有未央宫。我们如果要是在众人的面前让人下不来台，那你试试看，早晚有一天这个事儿他要找上来。刚才那句话跟这句话实际上可以一块儿来对着看，就“以言取怨者祸”和“好众辱人者殃”。您要知道人的心理，他当过将军，那种排场前呼后拥，一声令下，千军万马随着他奔跑，尽管不在位了，他曾经有那样的经历，你想让他像圣人一样，原谅你过激的一句言语，可能吗？可能性很小。所以他那句话等于当着李广的下属、当着其他守卫让李广下不来台，没面子，等于侮辱他。相当于就是说，现在的将军都过不了，那你个过了气儿的将军有什么可威风的？就不让你过。那不让过，事后你看一下就遭殃嘛、殒命嘛，惹来杀身之祸。所以要戒之！戒之！

这让我想起总书记几年前讲的一句话，就是照顾到各方舒适度。习总书记讲的，他好像是讲“一带一路”，就是我们跟国外的合作要双赢、要多赢，就照顾到各方的舒适度，不要让人感觉到不舒服。

“戮辱所任者危”，杀戮、侮辱你所任命的下属，这种领导一定是很危险的，这个不需要解释。

保持恭敬心

“慢其所敬者凶”，我们恭敬别人不是因为他有权、他有钱、他有名，而是因为他有道、有德、有仁、有义、有礼，或者说他有没道、有没有德、有没有仁、有没有礼、有没有义跟我们有没有关系呢？有，但关系不大，从根本上说没啥关系。我们自己诚敬，诚是天之道，诚之者是人之道，你管他对我们如何，管他是什么人，不要去分别，我们对人、对事、对物诚敬到底，成的是我们自己。像老子在《道德经》上讲，“善者吾善之，不善者吾亦善之，德善；信者吾信之，不信者吾亦信之，德信”，管他好坏我是不变的，那把我们自己成就了。所以诚敬、恭敬地对待万物，对谁好啊？对我们自己好啊！你说你傲慢、轻慢、怠慢人家，而且这些又是你应该去敬重的人，这不自己找麻烦吗？不过这里有一个重要的关口，就是诚敬的心态在外物的处理上，并非一成不变。如孔子所言，“以直报怨，以德报德”。

后面，你看这些字，“犯”、“殃”、“危”、“凶”、“孤”、

“亡”都不是什么好事，犯了不该犯的错误，结果就是没啥好结果。古代这个用字用词，他好像把好的那方面和坏的那方面集合到一块儿，全用到《素书》里面去了。无非是提醒我们，坏的都不要做，否则的话没好果子吃；善的抢着去做，一天乐呵呵的，没事偷着乐，就这么两条路。

有一次去参加扶阳论坛，在北京，刘力红老师和师母赵老师要去看一位他们的老师，我正好在大厅一楼跟刘老师打招呼，我往里走，刘老师往外出，这个时候旁边就有人过来问我，你认不认识刘力红老师。找他的人太多了，我说您什么事？她说我家小孩因为用错药，耳朵好像是聋了，找刘老师治病。这个问题，那要仔细追查她的原因，就很不容易了。我只能说，您去问一下工作人员能不能先听课，老师有老师的任务。工作人员也很慈悲，就让她进了扶阳论坛的现场，要知道，过道里挤得都是人。她求你的时候问你认不认识刘老师，怎么能找到他，那是很恭敬的，等她坐到前面的时候（我们挨着坐的），神色就不一样了。你就无法相信这种人是刚才求过你的，我就很奇怪。山东的一位妇女，人生的境遇很凄惨，现在我明白了，你对人是什么样，就是什么样的命运。

所以古代传说祸不单行，是上天专门找熊人去欺负吗？不是的。上天因其人而笃，“天道无亲，常与善人”，他绝不难为人。祸不单行的，没有祸施错的，必须自己认这一点，心里面不诚敬、不干净、不柔和、不孝顺、不道、不德、不仁、不义、无礼，这样的人你看吧，他的人生很凄惨。这就是秘密，好与不好就是社会的一个现象。秘密在哪里呢？就是自己的心是什么样的，你怎么对人的、对事的、对物的。有光的时候你是怎么做的，没光的时候你是怎么做的，敢不敢把自己没人的时候说过的话、做过的事，公开发露出来？敢，说明你过关了；不敢，说明还藏私，有阴暗。那你想全部悟通、悟明白，天下没有这种事情。所以为什么道家叫真人，就是这样，没有假的。

“貌合心离者孤”，你看这又作假了，表面上跟你客客气气、一团和气，心里面跟你离心离德。孤是什么？前面出现一个孤，“孤莫孤于自恃”，就觉得自己了不起，只能装下自己。“貌合心离”，心里都离开了，跟谁离开了？跟天道离开了，跟众人离开了，最后成为孤家寡人。

亲近忠贤　远离谗色

“亲谗远忠者亡”，这又是选错了，慧眼不开，跟谁亲近呢？奸臣、谗言者。跟谁远离了呢？忠臣、诚敬者、干活的人、真干的人。那他能好吗？总会衰亡。这种事情我看史书的时候就觉得，如果人性不明，道理不通，从古到今这个错误就会永远犯下去。你想象一下，这件事情就在我们今天的社会上、企业当中、组织当中依然在发生。尤其是当上领导了，下属恭敬几句，这是很正常的。能当上，有福德，人家恭敬你，也未必就是拍马屁，也许是真的。但这里面一定夹杂着谗言，阿谀奉承，也正常。可是如果自己被活埋，看不清楚，分辨不清楚，就很麻烦，就是昏聩。

下面这句跟前面几乎是一样的，就是看你怎么选择，跟谁近、跟谁远、跟谁亲、跟谁疏。“近色远贤者昏”，昏君都是具备这个特色。贤人他有一个什么特征呢？就是他秉心、秉公、秉正去办事，即使是领导做错了，他也是规劝，打报告，旁敲侧击，希望干正事。可是这个昏君一旦昏呢，他就不喜欢这种提醒，就烦躁，喜欢什么呢？喜欢这个声色犬马，就是让自己舒服的那些，喜欢说好听的。这是人性的所谓弱点，他本身就有这个弱点，他有这个弱点说明他的心是蒙昧的，然后外面就感应这样的人、下属、臣子、事件。那最终危险、灭亡、孤家寡人就是这样的结果。说来说去，你看这一章说了这么多，好像就是两条路，到底是走正路还是走邪路，跟好人混还是听坏人的引诱，跟好人怎么混呢？叫打成一片，俗语，混合成一股力量，就决定着自己的未来道路和命运。

“近色”，前面我们说过，包括我们的誓言当中，单独把它提炼出来，就是不能邪淫，它是最能破身、败运、败家的。我们举了两个盛世的皇帝，那么强大的国家，那么富裕的国家都经不起好色邪淫的破坏，更何况我们现在这点点福德，经不起它祸害啊！你要看过《太上感应篇》就会知道，所谓的太上，就是太上老君，也曾经警告过，从势运上来看，惩罚邪淫者最烈、最酷，毫不留情。

另外一个方面，女子要自重，“女谒公行者乱”，别添乱，要守妇道、守妇德，不该说的不要说，不该吹枕头风的不要吹。有人说岳飞是怎么被杀的呢？是被秦桧的女人（我们就不说她是太太了，她不够那个资格）跟秦桧说了一句：放虎归山不行。结果秦桧听来好像是有道理，就把岳飞给杀掉了，而且死得很惨，酷刑，死于风波亭。所以到现在，我不知道杭州那儿变化没变化，就是用铁铸的这对儿狗男女，跪在岳飞庙前，千百年来受着风吹日晒，受着人们的唾骂，就是因为杀了不该杀的忠臣。然后有人写对联叫“青山有幸埋忠骨”，这说的是岳飞，青山都觉得很有幸，岳飞的骨头埋在这里面；铁就觉得我很冤枉，“白铁无辜铸佞臣”，为啥拿我去铸成他们这个形象呢？所以不要乱吹枕头风，其实有很多人，就是因为女人坏的。但我自己感觉呢，还是这个男的本身不行，要行的话，不会有这种情况，晓以大义，动之以情，晓之以理，还是能够说通，就是你没有那个主心骨，你不明白，就会受诱惑，就会受其乱，内心不定就乱，内心要定不会乱。

公正授官　不凌下人　实至名归

“私人以官者浮”，私下里给人打包票，谋取官位，官位是国家肌体里面的器官，是人民的公器，变成私人的交易，就会违犯天理。在私下里做这种事情，从古到今都不是什么好事情。像我们现在就已经下了一条规定，就是干部安排未公布前不许透口风出去，据说现在的组织部对这条纪律执行得非常严格，严禁私传小道消息；但恰恰人们就最关心这种小道消息，谁谁谁提升了，谁调到哪里去了，谁掌什么权了，每天琢磨的就是这件事情，浮嘛，没沉下来。

“凌下取胜者侵”，你本身居上位的，盛气凌人，对不如你的人颐指气使，那算什么本事？有本事你对你的上司据理力争。“凌下取胜”面临的后果就是侵犯的“侵”，跟前面那个“犯”和“殃”一个道理，早晚有一天这件事情会反上来，报到自己身上。

“名不胜实者耗”，这个要多讲几句，对于我们在座的每一位尤其是做老师的，还是学习传统文化老师的，要特别警惕这一句，名实是不是相符。孟子说，人这一生有“不虞之誉”，就是没想到的荣誉，“不虞之誉，求全之毁”，什么叫求全？看人当官好，风光，前呼后拥，也想谋个一官半职；看人发财好，也想去发财；看人家上讲台好，自己也想上，那就太贪了。人生一辈子，一条轨迹能做好了，就不错了。所以捞名、捞利、贪得无厌，然后利用权力开始蒙课题费；参加评奖，通过运作获得奖项，名不更大嘛！大家听说过吧，有人想到国际上运作自己得诺贝尔奖，这件事情都传回来了，就是要买通国际评委。因为这种人自觉神通广大呀，他在国内好像都是“攻无不克，战无不胜”，他想拿下哪个评委就拿下了，想评什么奖就可以得什么奖。最后他发现莫言得诺贝尔奖了，他也想琢磨一个，他觉得这个得诺贝尔奖挺风光的，你看这都想哪里去了！捞到名以后，不符其实，必定虚耗。你慢慢往后看，这些人越往后耗费越大，耗费越大，自己心也越累。因为他撑着那个名，没有其实，就像是一个人顶着一个大帽子，没有那么大的脑袋，没有那么大的身躯，那耗体力呀！现实当中，耗经费、耗财富、耗精气神，所以他这个字用得很准，名不胜实，我们要求是名实相符。

“不虞之誉”，别人给的没想到的，考量一下我能不能接，为什么接，接完之后有什么用，然后可以做决定；那“求全之毁”，我们前面已经说了什么事情“毁”，求全也会毁，毁掉自己的事业，一事无成，到最终官没当好，学问没做好，各种应酬和挖空心思导致虚耗，身体也不好，只有落得羡慕别人的份儿。

我可以跟大家说一下我自己这两年经历的两个奖项，2008年之后我不参与任何竞争性的评选，也没跟谁说，自己就这么决定了。然后2014年7月份到沈阳去领 “辽宁省首届最佳写书人奖”，是“四佳”奖项——最佳写书人、最佳藏书人、最佳出书人和最佳读书人，好像最受看重的是“最佳写书人”。通知我的时候是说没有竞争，他们知道我这种选择，这种不参加竞争性评选的习惯。因为前一年让我去评

“五四青年奖章”（就是和“十大杰出青年”是同一个重量的奖项，只不过是隔一年一评，今年评“大连市十大杰出青年”，下一年就是“五四青年奖章”），我说我不去，那通知的人就很意外嘛，问为什么，我说我不参加竞争性的评选，而且我前一年作为“十大杰出青年”评选的评委，下一年我自己去争这个奖章，这不是开玩笑嘛，他就知道了。所以当这个奖来的时候，他一开始就告诉我没有竞争，只要你同意就给你，我们认为你合适。因为这个奖有两个衡量标准，一个是已经出版图书的发行多少册，就是社会影响；还有一个社会效益，所谓社会效益和经济效益都有个衡量，要往上报。我当时就想，这个颁奖会让社会大众（起码辽宁的）对中国有传统经济学这件事情生起信心，当然是好事，我说那我接受，这样就报上去了。后来又打电话说得补填一个表，这个表得到社区的党组织那里盖一个章，自己学校还得盖一个章。我当时就挺奇怪的，我说你不是说报上去就给我吗，还填这么多表干吗？我就不想填，他说已经都决定了，就是补例行的手续，就麻烦您一下。我想这个得配合，要不有关同志的工作不好交差，我就找学校党委书记签字，学校里盖章，然后去我所居住的社区盖章。社区的人就很奇怪，他说从来就没有这种奖项让我们给盖章，琢磨了老半天，还请示上级给不给他盖这个章，以前没碰到过这种事情，工作人员读了半天这个表格，她说这件事情对你是个好事吧？我说我认为是个好事，最后就给盖上了。

领奖的时候发现，我是年龄最小的获奖者，唯一不是以作家和编剧为职业的获奖者，竞争很激烈（笑声、掌声）。我也没体会到什么竞争，就得了这个奖。据说很多人感觉到奇怪，他写了什么书还能得最佳写书人奖。我去参加中华文明传承论坛，有一个军队的老作家，就很奇怪这件事情，听到别人介绍我之后，就喃喃地说写个什么书能得这个奖，颇有酸酸的味道。

它说明什么？这件事情不是我求来的，最初那意思好像你同意就给你了。这个我可以接受，我认为这属于名实相符。为什么名实相符？它不是我争的，也没什么暗箱操作，也没给谁送罐头、送红包，它就来了。事后我看到那个得奖的名单，全都是一级作家、一级编剧、著名编剧，那为什么把我填到这里面呢？我就想到一件事情，就是因为你要弘扬的是“中国传统经济学”，它是一个时代关口上起始的事业，所以要有助推的力量，你自己认真做就好了，其他的事情不需要你操心。大家清楚这一点吗？你把实实在在的工作做足以后，外在的事情自然就会来，不是求来的。

辽宁省委宣传部有讲师团，其实我不是讲师团的成员，但是讲师团的主要领导李团长认为，你所做的这些工作无论是写书还是讲座，客观上起到了宣传正能量，宣传我们党的文化政策的作用，所以就给了一个“最美讲师”的称呼。让我很难为情，“最美”嘛，这就让人觉得有点儿对不住观众是吧？但就是这么个称呼，那也得接着。所以你看我现在履历当中，多了这么两个奖项，就是这样来的。回过头去自己扪心自问，还要接着写，要更加扎实、更加踏实，名与实争取让它相符。不会让人觉得这个奖给了他，糟蹋了（掌声）。世间经常有“王婆卖瓜”的事情，那今天王婆变成了“钟老汉”，夸一下，背后是想让我们祖宗的文化更早地发扬光大。为什么呢？因为我观察我们的同胞因为不了解这种文化的实质内涵，日子过得太苦了！为什么得病不知道；为什么家庭分崩离析不知道；为什么企业总是不见起色，不能够长远发展，不知道；怎么解决，不了解；痛苦不堪，在苦海里挣扎。我认为从自己的命运转化上来讲，早一天了解，早一天得救。所以提醒大家，看到这句话的时候，不要奔着名去，是奔着实去，实一至，名即归，实至名归。

严以律己　宽以待人

“略己而责人者不治，自厚而薄人者弃废”，“略己”，就是对自己宽；“责人”，就是对别人严；这种人管理不好，治理不好国家、企业，也不能齐家。因为他本身呢，身就没修，意也没诚，格物、致知、诚意、正心都是针对自己的，他是完全做反了。这个不需要怎么解释，学过传统文化大家都知道，学对了的，是针对自己；针对别人，一定是学反了、学错了，方向就不对。对别人要宽容、要容忍、要理解。当然这件事情不适合侵犯我们国土的敌人，不适合阴谋算计我们国家财富、人民生命财产安全和我们国土资源的各种各样的或明或暗的势力，这不适合。我们说宽容别人，是所谓对待人民内部之间的小来小去的矛盾，人与人之间的正常相处，是指这样的事情。

学《素书》也是让我们脑子里多一根弦儿，不要被人算计，这是从一开始我们就强调的。所以我认为讲《素书》这件事，可能是中国传统文化复兴过程当中一个标志性的事件，就是由修身转向治国了，身修以后你能齐家，这是其中之意。以前您熟悉的传统文化，尽孝啊，家庭和睦啊，如何做女人啊，如何做妻子啊，都是围绕着诚意、正心、修身、齐家来讲的，很少讲到家庭之外的治国平天下。而《素书》更多侧重于社会事务的处理，就是家外事务的处理，尽管它离不开道德。因为所有的文化、修养、谋略都离不开道德，但实际上它的落脚点在于治国平天下。也就是这本经典的学习，是让我们在修身齐家的基础之上，开始认真地应对来自社会组织、国家治理和天下交往方面的挑战，解决这些问题。以往的课堂，以往的论坛，多数谈的都是《弟子规》、《了凡四训》、《太上感应篇》，这都是我们观察整个中国大陆举行论坛讲的主要内容，多数是如此，但《素书》跟它们是不一样的。

“自厚而薄人者弃废”，跟前一句话功能差不多，你对自己厚对别人薄，对自己宽对别人严，都是做反了；正确的就是严格要求自己，大道理是用来讲给自己行的，而不是讲给他人，忽悠别人去做的。

用对人　敢任人

“以过弃功者损”，做管理的，尤其是有下属的，千万记住这句话。世间人没有完人，尤其是能够立功的人，往往能力突出、性格突出，然后缺点也突出。难免会有一些让领导看不顺眼的事情，说的话不够柔和中听，对领导拍马屁也不是跟得上，但是活干得好的这样的人，如果抓住一点点的小毛病，就把他的功劳抹杀，作为领导者本身来讲，就等于是自损。

“群下外异者沦”，沦是沦陷、沦丧，都是不好的。整个下属都不跟你一条心，这个领导人能好吗？什么孤啊、危呀、败呀、殃啊、丧啊、亡啊，和这个沦呢、损呢，都是一个结局。

“既用不任者疏”，我们看《三国演义》里面，比如说刘备逃亡，到了好几个地方，人家不“任”他，就是使用他，但是不给官职，不给实质性的落脚点。他始终没有根据地，慢慢这个关系就变得疏远。现在有没有？一样有。这些话古今是一样的，你使用他，然后又不委任他足够跟他的功、跟他的能、跟他的才相匹配的官职，慢慢地就疏远，最后离职，人家走人。

我不讲别的，就讲我们现在高校之间的人才竞争。有一句话很难听，我们经常听到，叫“此处不留爷，自有留爷处”，你这个地方不用我，有很多好的地方。现在大学里面的竞争、挖人，白热化。学校里面的院士省委书记都出面帮着抢，因为后面是太多太多的资源和名声。往下也是一样，什么长江学者，然后各省设的什么泰山学者、闽江学者、攀登学者、黄河学者……名目繁多，就是给学者一个名头，有的是引进，有的是提拔。就是为了稳住教师队伍、科研队伍。好像是前年，我看山东泰安在报纸上登消息，招收儒学人才，给两百万人民币，我拿个尺子量一下我自己，儒学人才，我说我没别的本事，我就能讲个《论语》算不算儒学人才？那算的话，我去了我不就值两百万吗？我可以提前实现我六百万的目标（笑）。也就是说，你要是有用的话，不愁没有任命，不愁所谓的一官半职，就看你能不能真的有实力。我也不担心我的未来，将来机缘哪个地方好去哪儿也可以，在大连待下去也可以，随遇而安。

范蠡的故事

“行赏吝色者沮”，这是个挺有意思的词汇，我们说吝啬，通常是抠门儿的那个吝啬，这个“色”是颜色的色、容色的色，不是说行赏不讲奖赏他女人的那个意思，而是行赏的时候脸色不高兴，就好像舍不得那个意思。“行赏吝色”，这个古代比较明显的例子就是越王勾践，灭了吴国之后，在庆功行赏的宴会上，他阴沉个脸。所以范蠡就对文仲讲，越王这个人你看他的面相，是可以共苦不可同甘的人，有可能是“飞鸟尽，良弓藏”，兔子打完了那狗就要被吃掉了。所以范蠡飘然而去，挂印而走；文仲不相信，留下来，结果被赐死。大家知道吧？就是给你毒酒，让你自己喝，一辈子的功业拉倒了。那你说范蠡是不是高人？范蠡还是中国的财神爷，陶朱公嘛！鸱夷子皮，你看他起的这破名儿，就是让人提起这个名一点儿都不觉得他有什么高贵的。他自己觉得，我一个布衣出身，当官能当到丞相，布衣至极，不可久居，挂印而去。所以他做一件事情做到极致以后，一定退下来。

范蠡真是高人，高到什么程度？高到可以至诚前知。他有三个儿子，大儿子跟他一起苦身勠力，白手起家；小儿子生得晚，属于富二代、官二代。所以他二儿子在国外惹了祸，被关起来，要杀头。要救呢，他让自己的小儿子拉着一车金银找一个叫庄公的道家隐士，说你去找他，然后把我的信交给他，钱交给他，你就赶紧回来，不要在那儿待，等结果就行了。这时候他大儿子就不同意了，我是家里的长子，出了这么重要的事情你不让我去，让我这个小弟弟去，这不很没面子嘛，是我能力不行还是怎么样？但是范蠡不让他去，后来他妈妈求情，他妈妈是不是西施也不知道，因为传说范蠡是跟西施浪漫地飘然而去。妈妈求情，范蠡没办法，说去吧。高人高在什么地方？他这二儿子没被救回来，拉尸体回来的时候他笑脸相迎。他早就知道这个结果。你说这个人心里有没有挂碍？

为啥没救回来呢？小儿子没去换成大儿子了，大儿子呢带着信，用车拉着金银财宝，去找那个隐士。那隐士住的破房子，穿的也很土，但是自己父亲的命令嘛，交给他。他没回来，因为这老人跟他爹一样也告诉他别在这儿待，赶紧走，回家听消息就行了。他呢多了个心眼儿，世间人就怕自以为聪明，往往是聪明反被聪明误。他就潜伏下来，打探消息。这个时候这老爷子拿到信，知道是范蠡所托，所谓高人那彼此都知道，一句话就清楚了，直接去找国王，就是说，你应该大赦天下。因为这是有道高人，国王就听了，说大赦天下，所有监狱里关的全放出来，不杀了。他也没说范蠡的儿子怎么样，直接就是所有的犯人全部免除罪过，全都放了。结果范蠡的大儿子就听说啦，大家都传言要大赦天下，那他的弟弟也就跟着被放出来，那我这钱花得不冤枉嘛，没这老头儿啥事啊，凭什么给他那么多钱啊！所以他就跑到老人家里去，他一进屋这老头儿就挺奇怪，你怎么又回来了？他说我听说我弟弟放了，我要把钱拿回去。那老爷子说在里边没动，你拿走吧！他就把这个金银财宝又拉走了。结果人家老头儿第二次上朝找国王，说有一个人不能放，谁都可以放，就范蠡的儿子不能放。为什么呢？人家说，你这次大赦就是因为害怕范蠡这种人。国王一听我怕他个鸟啊，杀了。其他的人大赦了，就他这个儿子没救了。于是他这个长子哭哭啼啼地拉着银子、拉着弟弟的尸体回来了。

范蠡早就知道这个结果，为什么派小儿子去？他说小儿子从小衣食无虞，没经过白手起家那种艰苦的岁月，所以他不心疼钱，花了就花了，所以能把他二哥救回来。老大不行啊，那等于是一元钱一两银子那样赚来的，心疼，舍不得，结果收尸回来了。你看范蠡高不高。他能够忍辱跟着勾践二十二年，复国；然后做生意，三掷千金，就是三聚三散，白手起家，成为亿万富豪，每次都散出去。所以他是我的偶像、榜样（掌声）。我是希望我这一辈子有一次机会，能够成为亿万富翁，然后散出去，证明一次古圣先贤不余欺也，就行了，就可以了。

就是这个“行赏吝色”就不行，你要给就好好地给，像勾践这样的人，不想把功劳跟臣下分享，脸色阴沉，那高人就看得出来，你的为人是不行的，所以“沮”，沮就是沮丧。

时间差不多了，我们休息十分钟，下一讲再来。

第十讲

《素书》的重点在第一章，第一章是整个《素书》的基础，后面五章道理都很简单。作者在本讲将部分“遵义章第五”和“安礼章第六”全部讲完，其中提到汉文帝的遗诏，感人至深；又通过几组人物寿命的对比让我们明白，必须到中华文化的源头去寻求真东西。

尊敬的各位同胞、各位同仁：

遵义而行　避免灾难

我们接着学习《素书·遵义章第五》，往下看“多许少与者怨”，你答应人家年终奖给两万，发的时候变两千，人能不怨吗？道理非常简单，可是许多人做不到！并因为吝啬而导致人心乖离、事业夭折。举一个世人皆知的例子吧，大家知道两千两百年前楚汉相争，项羽和刘邦的故事，一个落得四面楚歌，最后身死乌江；一个最后开创大汉，国祚绵长。本来项羽号称西楚霸王，可以号令天下，实力和声望都在刘邦之上，如何短短几年之间，情势发生翻天覆地的变化。这其中的一个重要因素，就是人的性格。据说项羽虽然力拔山兮气盖世，可是为人十分优柔小气，在赏赐有功之臣时，常常思前想后、犹豫不决，甚至刻好的官印在手里摩挲得都没有了棱角，还没给出去！这样的领导人，怎么会让那些要在战场上冲锋陷阵的下属服膺？而刘邦却恰恰相反，豪爽大方，赏赐的时候从不磨磨叽叽，在张良的提示下，连韩信逼封齐王的事都忍了！正应了曾子《大学》的判断：“财散则民聚”，重赏之下必有勇夫嘛，所以实力越来越强，会集的人才越来越多，最终成就了登基大业。这一点要引起做领导的同道足够重视，除了管理策略上的意义，还是为人诚信的必然要求，不可不慎。

“既迎而拒者乖”，你把人迎来了，然后又拒绝。就是你自己的心都没搞清楚，你到底喜欢什么，用还是不用，要还是不要，嫁还是不嫁，娶还是不娶，给还是不给？自己心里一团糨糊，怎么能建功立业？乖，乖离、乖乱，无定、无根、无明、无规划、无操守、无精一，将一事无成。

“薄施厚望者不报”，这个挺有意思，说明啥心理呢？我给你一点儿东西，然后希望别人回报得更多，能这样吗？心里本身就没平，就不是公平，不诚也不真，“薄施厚望”。我们在施舍的时候、捐赠的时候、给予的时候，这个色要好，“廉者不受嗟来之食”，就是有这样的原因，你给的时候脸色不好人家都不要。“施”有很多种内容：施财；施法，也就是给人讲道理；然后施无畏，就是不让他害怕，解除他的担心、担忧、痛苦，甚至救命。做的时候不要执着，是我给予了对方恩惠，然后对方一定要感恩。很多人做完了之后，如果对方不感恩、不赔笑脸、不给你面前当孙子，他心里就不快。这种情况呢，那你还莫不如不做，因为这个关系反而会更加乱起来，你还莫不如自己躲在房间里，躲进小楼成一统，还不招怨。

这种情况在生活中比比皆是，比如说，有些人给圣贤磕头，买几根香蕉一放，你不保佑他就像欠了他八万吊似的，嘴脸立即就变了。这是现实功利的交易心理，哪里谈得上尊道贵德的坚定信仰呢？

“贵而忘贱者不久”，“贵”是指当官，当官为出贵。升官了，地位尊崇了，然后忘掉了当时贫贱时候的朋友，“忘贱”嘛，贫贱时的朋友，这种人当官必不长久，因为德行不够厚道。这样的人处世往往是势利眼，只看官阶大小、有用没用，十分现实。时间久了，被人识破，声名、地位免不了一落千丈。

你可以看他的行为，比如说我们有朋友，小学同学、初中同学，甚至大学同学，念书的时候都很好，一听说他当官了，然后见面也好，碰到也好，或者就是有意打电话联系也好，如果你感觉到这个人忘本了，态度不好了，不和气了，不搭理了，那你几乎可以断定，他的这种“贵”不会持久，甚至很难善终，因为他暴露的是品性的问题。

“念旧而弃新功者凶”，这又来一个“凶”，创业的时候总有旧臣，跟你一起起家的功臣，开创这份事业的；可是随着事业的发展、时局的推移，总会有新的力量加入进来。这个人为你的事业发展，为你的企业立了新功，然后你因为他是新人，不给他足够的任用，不给他足够的地位，不给他足够的年薪，还是任由原来的这些老人在公司里面掌控一切，你这事业凶多吉少。很多中国家族企业，在过去这二三十年间碰到这个问题，没解决好的，通常这个企业到现在也不在了。所以有一些企业的老总，尤其是家族企业的，他说我宁可给我的亲属开一份工资、一份薪水，也不要求你上班，相当于是我雇用你了，但你不要到我公司里来，因为来了之后关系没法处。为什么？你是老板的小舅子，你是老板的小姨子，你说的话是老板的意思让你传达给大家的，还是你自己的意思？别人无从核对和考察。再加上你有私心，再加上人品不端，这个事情就变得很麻烦。所以聪明的老板就是，我花钱买平安，我花钱买公正，花钱买顺畅，然后我吸收更强、更新的力量补充到公司里来。有一定的道理，不是说旧的人不能用，也不是说新的人一定要用，而是做偏了就会产生对事业的伤害。

“用人不得正者殆”，殆、殃、凶，都一样，你用人不得其正，心不正，身就不正；身不正，行就不正；行一不正，现象上就乱，这个事业还有的发展吗？做领导的，聘对一个人，可能赢得天下，用师者王，用友者霸，用贱者亡。文王、武王用姜尚，成就改朝换代的天下之业；齐桓公听信鲍叔牙的劝谏，重用管仲，成就春秋霸业；项羽刚愎自用，最后自刎乌江。唐玄宗重用杨国忠、李林甫，导致江山危殆，九五之尊也保护不了一个女人的善终，岂不是教训惨痛？诸葛亮在《出师表》中劝谏后主“亲贤臣，远小人”，正是为了君主能够“用人得正”，因为“人在政兴”啊！

现在很多公司，老板花重金请外来的和尚念经，常常使“空降干部”这件事成为事业受挫的导火索，其原因不在于不可请外来的高人，而在于是不是得人之正。

“强用人者不畜”，勉强，勉强用人，储存不下来，保留不下来。所以有“用心留人，用感情留人”，并不仅仅是用职位、待遇留人的说法。

“为人择官者乱”，这又来一个，上一讲我们提到“私人以官者浮”。“为人择官者乱”，你不是书记，不是组织部长，就开始为人择官。我听说过这样的事情，一个做企业的，他几乎可以决定那个市很多局长的任命，真实的事情啊，东北某省不小的一个城市，事后我们都听说这件事情。那就是说，他可能是和市委书记关系很铁（密切），他推荐谁，书记不了解，他没那么多时间去了解，那相信你。那推荐的人行不行呢？我觉得这种事情不一定说完全就不可以，你有推荐义务，如果这个人确实是好人，只要能够实现最大为公，并非不可行。因为我们古代就是“选举社会”，什么叫选举社会？就是十里八村，大家公认他是孝子，那好，我们认为孝子就是国家的忠臣，把他推选出来，这叫选举社会。是因为你的德行感动了周围的人，大家认为这样的人去为国家服务，一定是一个好的公务员。所以从汉朝开始我们就是个选举社会，到了隋唐才变成科举社会，通过考试来选举。在这中间是九品中正制、世袭制，老子英雄儿好汉那样的制度，“龙生龙，凤生凤，老鼠的儿子会打洞”，你爸爸当官，那你儿子自动当官。所以就产生了一些所谓不公正的现象，因为时间长了，富二代、官二代确实会因为教育不明存在一些问题，所以从隋唐开始，通过科举考试选拔人才，扩大了社会稳定的基础。

如果选举的时候，不是公推，你有机会推举一个人，那你推举的这个人一定要正，确实是德行好、能力高，能够为国家服务的人，也未尝不可。可是这里面警告，通常做这种事情往往就超出一个度，我们刚才所说的未尝不可那种情况，说选中好人推上去，那都是万中可能有一的小概率事件。你推荐人，人家知道你跟大领导能说上话，凭什么给你说一句话，凭这个（指钱），这就坏了，对不对？拎着箱子，五百万现金在后备厢，拿去吧，然后就说这个人如何如何好……那他上任以后第一件事就是我要搂回来，我给你五百万，我最好弄一千五百万。

清朝政府后期为什么垮掉？“三年清知府，十万雪花银！”那老百姓还有的活吗？所以国运衰颓，导致的结果是一乱至少几十年。就是国家一乱，至少几十年才能扳回来，要拨乱反正，很不容易。

“失其所强者弱”，这个就不太怎么用解释，但是观察现实呢，还是有很多人居然这么简单的事情看不明白，或者是理论上能看明白实践上做不到。你要评估自己的强项是什么，就是掂量掂量自己有几把刷子，你的长处是什么，扬长避短，在社会上讨生活才能够发挥到极致，这能明白吗？你说你天生是一个画画儿的，非得要跟郎朗去比弹琴；天生是一个举重的，你要跟姚明去比打篮球；这就是失其所强者，结果一定是显示你是虚弱的、是不行的。掂量掂量自己顶多就是叨咕叨咕写两本书的，那我就不出去忙活了。你能干什么就好好地干，守住本位。“苦莫苦于多愿”，你看人家做得挺好，那未必是你的强项。经营企业也是这样，所以有一个讨论，企业是专业化好还是多元化好？它不是专业化还是多元化好，看你人品、看你福德。

李嘉诚这么多年来干什么成什么，他卖塑料花塑料花大卖；他发现塑料花不行了，把厂子卖掉，开始进入房地产，然后香港地产业起飞，就好像大势全力配合他。您注意啊，有高人指点或者是有道之人，他做事情的特征就是，他会超前做一些事情，做了几年之后，国家大势就跟他相配合，明白吗？所以南先生讲世间三种人，第一种人引导潮流变；第二种人跟着潮流变，一看两办下文件了，赶紧弄传统文化；然后有一些人，什么是传统文化？那有用吗？潮流过去了他还不知道，这是第三种人。我们做哪一种自己可以选。

“决策于不仁者险”，做决策的时候，你这个发心如果不符合仁的精神，一定是很凶险的。这对所有的决策者，不论是官员还是企业家，还是当老师的、当校长的都是一个警告。你就扪心自问，这个政策决定下去，谁受益，谁受惠，对谁好，会伤及谁？“利者，义之和也”，掂量掂量，考量完，说已经仁至义尽了，那可以；否则的话，就是危险。

“阴计外泄者败”，“阴计”和“阳谋”相对应，阴那就是不足为外人道也，是一个计谋，泄露出去就会失败。汉献帝的时候，没有权力啊，就是一个朝代末期那个皇帝是很可怜的，德行薄了，有福德做皇帝，没福德有实权。所以，要让一帮臣子杀掉董卓，结果泄露出去，这帮人反被杀。那么这种事情隔了两千年，又出现了戊戌六君子吧？好像如出一辙，光绪皇帝也想中兴，也想振兴朝纲，可是，被慈禧太后把这些人全给斩了。一代王朝无论开创的时候多么强大辉煌，气数尽的时候也实在是没办法。

“汉文大帝”

我读古书读到一句话，就是“有大德者不为亡国之君”。为亡国之君，就是缺了德；他不是没有德，没有德哪能当皇帝？但是真正的大德，一定是可以给天下带来海内升平的人，像宋仁宗、唐太宗。因为唐太宗悌道大伤，一般来讲不太愿意提他，真正的表率是汉文帝，《二十四孝》里面他占其一，汉文帝奠定了汉家江山的稳定和强大。

我写《中国经典经济学》的时候，看到汉文帝的遗诏，就把自己看哭了。居然有这样的皇帝，当了二十三年皇帝，前一半的时间农业税减半，后一半的时间农业税不收；二十三年的皇帝，宫闱没有装修，车马没有更新。死的时候下个遗诏，说人总有一死，没有什么可悲伤的，我以微渺之身继承着祖宗家业，感觉到很惭愧，现在要死了，临别之前有几句话跟大家交代：如果大家实在过意不去，那就纪念三天；禁止向民间下命令（就是因为皇帝死了，禁止民间的婚丧嫁娶），不要耽误大家正常的生活；有人过意不去，在这三天之内，到宫门外吊唁一下就可以了；我的皇陵不允许大兴土木，什么地势就是什么地势，也不允许用金、银、铜、铁、锡这些贵金属，只准用瓦器；挽联不准用宽的这种布幅，差不多就行了（因为活着的时候，他的妃子都不能穿特别好的布料，不允许穿那种拖地的大礼服）；其他没说到的就按此精神办理。想一想，为什么他能开创“文景之治”？他是个大孝子，他妈妈以黄老之学教育他，母亲得病了，他作为皇帝亲侍汤药，感得天下归心。他儿子接着干，就是景帝接着干，延续“文景之治”。所以他孙子汉武帝有了庞大的家业，可以跟匈奴动兵，打也打得赢。汉武大帝如果没有他爷爷、没有他爸爸的积累，哪有他那么强大的国力？

今天的电视剧拍完了，我也不愿意看，所以我就发愿，我要拍《汉文大帝》（掌声）。这是慎终追远哪，我们为什么叫汉族、汉字、汉语 、汉服？都是从汉朝来的嘛！谁使天下归心？就是从汉文帝开始的。天下老百姓说，如果所有的领导人所有的皇帝都像汉文帝这种为人的话，家里面是大孝子，国政上是明白人，而且为天下考虑，还能教育好自己的儿孙，那他永远当下去呗，所以天下归心。

隔了二百年，刘邦的子孙达到十万人的时候，王莽篡位，天下人仍然不认同，说天下最好还是刘家的。所以刘秀以庶人之身再起兵，又使汉朝流传二百年，前汉后汉、东汉西汉嘛！你说德行的力量有多大？到今天我们填表还是汉族，人家说这是汉字，德行的力量！秦始皇那么伟大，到现在没有人说我是秦族，他统一天下嘛，就是周代后期乱了之后，他重新统一的。没有德行，再大的武功都没有用，还是德行能够感得天下。

“厚敛薄施者凋”，自己收的多，施舍出去的少，就越来越凋敝。对于国家，如果收税过重，然后转移支付的少，回馈给人民的少，用于民生的少，经济就凋敝。你看汉文帝，后期根本就不收税，结果出现“文景之治”，这在历史上不多见。怎么开创呢？藏富于民。“治道清净，贵在不扰”，与民休养生息。他这叫“薄敛”，乃至于

“不敛”，然后厚施于民，不但不凋，而且是兴盛，子孙昌盛。这都是历史正反两方面给我们证明的。所以我认为真正的大帝是汉文帝，我要把他搬上大银幕，就是拍成电影，把他的思想和治理模式介绍给全世界，让全世界知道中国曾经有过这么一位伟大的君主，推广中华文化。而且他在大节上是没有缺点的，他不像唐太宗，有人说他杀自己的亲兄弟，这会有麻烦。汉文帝找不出违背人伦的缺点来，实在是我们的榜样。

公平治国　用人不疑

“战士贫，游士富者衰”，对于国家来讲，游手好闲的那些人富裕了，战士贫穷，这个国家会衰亡的。例如，有人说现在叫“戏子当道”，科学家贫穷，网上还激烈地吵这件事情，我们可以对照着经典慢慢地改。我们尊重艺术家，但是也不能亏待了科学家，要公平。所以财富分配永远是一个需要慎重解决的问题。

“货赂公行者昧”，就是你贿赂国家公务员，为什么？一定是为私心，为自己的官位，为自己的利益。我为我自己的企业发展，到中央部委去贿赂官员拿得政策，我给他五百万，我能赚五千万，损失的是国家、民族、人民、社会的利益，这就是蒙昧。他做大老板，去普陀山争第一炷香；他当市委书记，也争第一炷香，为了独占鳌头，保佑自己财运亨通、官运顺达，其实都没用，早晚会进去，蒙昧嘛！犹如“盲人骑瞎马，夜半临深池”，如《易经》所言，“动辄得咎”，真正的保护神，是自己的天良！一念善，福虽未至，祸已远离。

“闻善忽略，记过不忘者暴”，听到人的好处记不住，反倒是有一点儿小过念念不忘，就盯着那点儿毛病，这种人就是“暴”。《论语》里面说“不教而杀谓之虐，不戒视成谓之暴”，没教他怎么做事，做错了你就杀，这就是虐，不事先警告，等着他把错事做成，然后面对王法国难，就是暴。《礼记》上说“自古先王建国，君民教学为先”，先教他，为之师、为之亲、为之君，三合一。“记过不忘者暴”，大家再回想一下李广，那个守霸陵的士兵不过是执行命令，只因说一句不大尊敬的话，那就把他叫过来杀掉？这就是“暴”，他为什么封不上侯，他的为人就解释了这一点，德行大亏，按照厚德载物的道理，不足以承受封侯的重报。

“所任不可信，所信不可任者浊”，这就是矛盾，说明其人不明、不清、不净，你任用的人不值得相信，你相信的人又不可任，你说这人得多矛盾、多糊涂？后面有“自信者不疑人”。所以做事要干脆、利落、果断，你相信他就完全相信他。

我慢慢地就有体会，我和中国科学院的鲍勤博士就这个《中国经典经济学》的翻译，长谈过三次，鲍博士本科毕业于北京大学经济学院的金融专业，然后被保送到中国科学院读硕士、博士，她的学习履历在中国大陆是最高的、是完美的。所以我跟她讲，我说您经济学比我好，英文比我好，翻译的过程当中，有一些理念、经典上的观念，可能我比您早一点儿知道，但是我理解得未必就比您好，所以我完全相信您的翻译。她很客气，也很尊重我，说怎么翻译，要跟我商讨。我说我们就讨论什么是“善财”、什么是“德本财末”这两个词，讨论完了之后，其他的内容您翻译成什么样，我完全接受。因为你水平不如人家，你还挑三拣四干吗？那就是不懂装懂了。我只是对“善财”两个字有点儿感觉，这个感觉是灵感来的。我写书累了，下去散步，一圈儿一圈儿地围着花坛转，突然一下子就想起来西方的古代的经典，亚里士多德写的《尼各马科伦理学》，里面那个“善”用的是英文单词good，学一年英语的人都会知道这个good是什么意思，对吧？Very good ，good good study，day day up（笑），都知道这个词。我就想善财那就用good翻译好了，而且good加上一个s，它是货物，是吧？“善”，形容词加上一个s，变成了货物，那“货物”在西方词根来讲不就是“善的物化”嘛！我说那英文的发明者跟中国古代这不是相通了吗？所以那个财富，西方经济学的鼻祖亚当·斯密的《国富论》里用的是wealth，所以我说善财应该是wealth from good，财富来自善的。我就把悟得的这个意思告诉鲍博士，我说其他的你随便翻译。

什么是“德本财末”呢？西方是两个半苹果的文化，第一个苹果是被亚当夏娃偷吃了，然后眼睛睁开，知道羞耻，开始穿衣服，人类文明开始了，这是西方讲的；第二个苹果砸在牛顿的脑袋上，他发现了现代科学规律，万有引力开始被接受和了解了，现代物理学开始了；还有半个苹果，被乔布斯咬了一口。那我们一提苹果，西方人肯定知道，我说你就把德本财末翻译成果实fruits，这个果实是道德的结果，就行了，西方人一看就明白，其他的怎么翻译怎么是。

这就是要相信别人，所以鲍博士翻译了三年，交稿，然后外方出版社大概经过八个月，去年七月份据说在英国出版上市了，国内收到样书是十月份的事情。而且这两件事特别配合，我们东北财大的党委在中层干部换届上宣布，要成立“中国经典经济学研究中心”，随后这个英文版就寄到了大连。它不是配合我们发展吗？（掌声）感恩大家！

以德治国　赏罚分明

“牧人以德者集”，放牧，牧人，古代有这种说法，所以你看《管子》第一篇就是“牧民”，他是以领导者的观点，就好像放牧，管理百姓如同放牧。“牧人以德者”，他是以德来管理天下，这种人就会“一年成聚，两年成邑，三年成都”，人们就慢慢地向你会集。

现代社会把西方传教士翻译成“牧师”，导致人们一提牧师就以为是西方的、基督教的；把西方崇拜的最高神翻译成“上帝”，导致一提上帝就是God，却不知道这是中华先民对上天、对形而上的主宰的一种敬称，导致现代中国人对《诗经》里面关于“上帝”的称呼产生宗教性的联想，都是本民族文化被忽视的重要表现，应引起中华民族有识之士的足够警觉，迅速采取措施恢复文化自信，重铸文化的灵魂。

“绳人以刑者散”，反过来，拿绳子捆人、束缚人，是一个比方，其实是规范的意思，这句话和前一句应是对偶句，就是不是教人以德，而是用刑罚来保持社会整体规范，必将导致大家离你而去。刑罚是德行规范的辅助，是教化之下的辅助手段，文明社会如果以刑罚为主，说明人们的道德水准已经下降到了不道德的地步，失去了文明社会的真实本质，或者说，已经不是“文明”社会。

“小功不赏，则大功不立”，人家立一点儿小功，你一点儿表示都没有，连个好脸色都不给，好评价都不给，那么可能立功的人说算了，我不努力了，努力了也没有得好，干也白干，消极懈怠，失去精进的动力，一定没有大功的创立。所以要适当地鼓励，小孩子要这样，大人也要这样，国际交往也应这样。对于那些维护中国利益的兄弟国家，不仅要援助，还要协同作战，以粉碎霸权主义的分裂图谋，维护中华民族的根本利益。

“小怨不赦，则大怨必生”，我们听说古代有一个国王，是楚王还是哪一个王，我记不太准了，大宴群臣的时候，他让妃子给大家敬酒，突然灯灭了，灭了以后这个妃子就感觉有咸猪手摸到身上，她就告诉国王，刚才有人动我，而且我把他帽缨摘下来了，那一点灯谁头盔上没有帽缨就是咸猪手呗，就是那个好色之徒。这个国王真高，点灯之前命令所有人把帽缨摘下来，再点灯大家都没帽缨，不知道谁干的对吧？他也不想查。后来有一次打仗，有一个将军出生入死、奋勇杀敌，最后说了实情，他就是那个动了王妃的人，而国王采取那种措施，等于救他一命，保全他的名节。他心里就感恩哪，这等于赦了他的这个过错嘛，所以他拼命也要报答。

“赏不服人，罚不甘心者叛”，赏罚一定要分明，这是古代的警告。赏罚一定要分明，让大家觉得做错事就应该有惩罚，不重罚也要轻罚，不轻罚也要警告，为什么不罚你，都要说清楚。赏也要让人服气，人家确实做得好，起到非常良好的激励作用；否则的话，觉得不公的势力就会叛、就会乱。

“赏及无功，罚及无罪者酷”，他没有功你赏他，没有罪你还要罚，就冤枉嘛，冤案，这就是“酷”，酷吏，那后果就不用说了，官逼民反，有怨必报。

“听谗而美，闻谏而仇者亡”，这种人不亡没天理。听到谗言，那就是顺着你的感官，愿意听拍马屁的话，然后对说这些话的人给予高官厚禄；反而对正常的、提正面建议的人视若仇人，他能不亡吗？

做得相反的，像李世民那种，听谏，远离谗言，就有“贞观之治”。国家如此，个人也是如此。如果我们在生活中，只喜欢听阿谀奉承的话，对提不同意见的人怀有恶意，甚至打击报复，恐怕自己也没有多久的活路。

“能有其有者安，贪人之有者残”，你有什么才能护住它，就是我们刚才说的，不要失自己强的那一方面，这就是“能有其有者安”，和“不失其强者”是一样的。“贪人之有者残”，别人的东西不要去贪，否则的话，一定有自己受到伤害、伤残的那一天。像苏轼所说，“天地之间，物各有主，苟非吾之所有，虽一毫而莫取”，这就保全了自己。

“安礼章第六”

《素书》这个分章，我琢磨了好几年也没有搞清楚，为什么是这样分，而且第五章、第六章我自己区分不开为什么是两章，逻辑不是像前面一、二、三、四章那么明显，有些甚至重复，有些是同义反复。所以我说重点在第一章，第一章讲完了，整个《素书》基础就奠定了。后面的慢慢琢磨，没有不明白的，都很简单。

安礼章第六

怨在不舍小过，患在不预定谋。福在积善，祸在积恶。饥在贱农，寒在堕织。安在得人，危在失事。富在迎来，贫在弃时。上无常操，下多疑心。轻上生罪，侮下无亲。近臣不重，远臣轻之。自疑不信人，自信不疑人。枉士无正友，曲上无直下。危国无贤人，乱政无

善人。爱人深者求贤急，乐得贤者养人厚。国将霸者士皆归，邦将亡者贤先避。地薄者大物不产，水浅者大鱼不游，树秃者大禽不栖，林疏者大兽不居。山峭者崩，泽满者溢。弃玉取石者盲，羊质虎皮者柔。衣不举领者倒，走不视地者颠。柱弱者屋坏，辅弱者国倾。足寒伤心，人怨伤国。山将崩者下先隳，国将衰者人先弊。根枯枝朽，人困国残。与覆车同轨者倾，与亡国同事者灭。见已生者慎将生，恶其迹者须避之。畏危者安，畏亡者存。夫人之所行，有道则吉，无道则凶。吉者，百福所归；凶者，百祸所攻。非其神圣，自然所钟。务善策者无恶事，无远虑者有近忧。同志相得，同仁相忧，同恶相党，同爱相求，同美相妒，同智相谋，同贵相害，同利相忌，同声相应，同气相感，同类相依，同义相亲，同难相济，同道相成，同艺相规，同巧相胜。此乃数之所得，不可与理违。释己而教人者逆，正己而化人者顺。逆者难从，顺者易行，难从则乱，易行则理。如此，理身、理家、理国，可也。

“怨在不舍小过”，在前面好像都说过，小怨不赦，大怨必生，谁不犯点儿小毛病、小错误呢？原谅他得了。我反思自己的成长过程，虽然一路以来算是“好学生”，可是还是走了很久的弯路，做错了许多事，说错了许多话，动了许多不该动的心思，如果没有社会的宽容、老师的宽容、父母的宽容、兄弟姐妹的宽容、朋友们的谅解和宽容，我怎么能走到今天？

“患在不预定谋”，“先揆后度，所以应卒”，你事先不考虑一下，不做个预案，猝然临之，以为你那么高明啊，什么事都可以当机立断，处理得恰到好处？不一定啊！所以整个国家从上到下都有应急预案，把各种可能性考虑在内，一旦发生，启动应急预案，都有准备，知道怎么做。防患于未然，就是这个意思。李嘉诚自己回顾大半生的商业生涯，说自己几乎每天都在考虑风险和不测，做好应对的措施，所以一路走来，稳健安定。这种居安思危的做法，正是中华传统文化的正传。

“福在积善，祸在积恶”，这就跟《太上感应篇》里面说的是一样的，跟《易经》里面说的“积善之家必有余庆，积不善之家必有余殃”，是一样的。还有一句话，具有公理的意义，希望引起大家的重视：“善不积不足以成名，恶不积不足以灭身。”心中一念善良，关键时刻就可以救命。

“饥在贱农，寒在堕织”，为什么天下人有饥寒？你以农事为贱，瞧不起农民，瞧不起农业，瞧不起农村。所以中央一号文件是什么文件？三农啊，就是处理三农问题的，列为一号文件，农村、农业、农民的问题，体现出最高领导的高度重视。那您看我们现在中国的粮食就愁没有粮库放，但我希望数字是真的。他们当年糊弄朱镕基总理，到这边粮库看，全满的，去下一个地方的时候，赶紧往那儿拉粮，糊弄总理，这个太令人痛心了。“寒在堕织”，为什么没有足够的衣服穿？就是女人懒惰不织布，这是在古代，像唐代有租、佣、调、制，不像我们现在纳税全都是货币的，古代是可以用劳役、用实物来顶，绢多少、布多少、丝多少、麻多少、棉多少，都可以折合成银两来抵税。

“安在得人，危在失事”，安莫安于什么？忍辱。能忍辱就能得人，能忍辱就是别人的缺点你能包容，忍不了就挑人毛病，就怨别人，小怨不赦，大怨就生。说来说去像倒头经，整个经文可以串在一块儿，来回地几个房间乱窜，一章为一个房间，你想一想，一会儿到这屋，一会儿到那屋，然后这屋和那屋还有个窗户可以互相沟通，打开来之后发现是一伙的。“危在失事”，危险，前面提过好几次“危”了，失什么事？失正事，没有正事儿就危险。

“富在迎来，贫在弃时”，这什么意思？如果自己家里的东西不爱护，动不动就丢了，满柜子的衣服没衣服穿，那就是走向贫穷。“迎来”，什么叫迎来？富贵是从哪里来的呢？积德来的。那这个德怎么来呢？表象就是各种人、事、物向你会集，叫“厚德载物”。我们那个德行就是传说当中的聚宝盆，你有了德行，什么好东西包括名声都会向你聚集。所以什么叫富？你慢慢地就欢迎吧，它都会来的，好人、好物、好事、好名声，不用求，它就会感召而来，因为它跟你的频率是相应的。

“上无常操，下多疑心”，当领导的、当君上的这个德行要坚固、要稳定。多疑多变，朝三暮四，朝秦暮楚，底下人就开始琢磨了，这哥们儿说话不算数啊，多疑心，疑心就松动了，事业就不牢固。按照古代天人合一的说法，疑心甚至是地震的人类诱因，你心不坚固，山川就不坚固。德行坚固，事业就稳固。正念坚固，身体就健康稳固。

“轻上生罪，侮下无亲”，那这很显然，你能轻慢轻辱自己的上司吗？轻慢自己的领导吗？那当然是一种罪过了；侮辱下属，谁跟你亲近呢？人就走了。上敬下和，才能保身长全，事业顺遂。

按照古代天人合一的说法，轻上会导致头部患病，“上”在古文中有时也指“上天”、“上帝”、“天道”、“天理”、“天德”、“正道”，所以违反这些自然规范的人会头痛。我在讲《黄帝内经》的时候，提到一种治疗头痛的成药，叫“正天丸”，就是开方的医生是明道之人，所以不叫“镇痛丸”，叫“正天丸”就是揭示出了中华天人合一的医学道理，十分深刻。一个药名就是一部教材，可以教有心者入道。

这一点在《西游记》中也有隐喻，孙悟空犯上的时候，师父念紧箍咒，他就头痛得厉害。通过这些道理，我就推测曹操的头痛起因之一就是轻慢汉献帝，“挟天子以令诸侯”，大亏臣子之义。伦理和生理之间的逻辑关系，被医圣张仲景揭示出来，言简意赅的代表性表达就出现在《伤寒杂病论》的序言中，“天布五行，以运万类；人禀五常，以有五藏”，在我学习中华传统文化的过程中，我认为这是石破天惊的表达，揭示出了天理、伦理、心理和生理之间的贯通秘密。

“近臣不重，远臣轻之”，身边的人你不重用，你不看重，那离得远的人也会轻视他。那这些人还跟你忙活吗？你就会变成孤家寡人。君臣如此，普通的单位中的人际关系也如此。这一点，我体会的比较明显。比如，校长或者党委书记重视《中国经典经济学》的出版和影响，一些学校的中层干部就对你亲热和重视；等重视的领导调走了或者退休了，他的态度立即就发生了改变，公开表达轻慢和不屑。我们通过学习经典和历史，对这些人情冷暖，心知肚明，一笑了之。不过，它更加激起了我的斗志，“唯精唯一，允执其中”，必将把中华传统经济学送上大雅之堂而后快！

“自疑不信人，自信不疑人”，这个不用解释了，前面已经提到过两次了。有自信的人，他不是不清楚对方可能会产生一些不利的因素，不是不知道，但总是能够取其长、去其短，所以不怀疑，信心坚固也坚定。甚至有些时候明知道你骗我，也让你骗下去。为什么让他骗呢？就是他总有他的难处，骗到一定程度，他自己会心生愧疚，良心发现，天良起作用，他就不会再骗下去了。所以高人是明知道你在骗，也任你骗；那些蒙昧之人以为对方不知道，就接着骗。一旦被人觑破，不值一文，所以羞愧难当；当他自己悔改的时候，会生发极大的感恩之心。

“枉士无正友，曲上无直下”，这都是相应法，成对儿成对儿来的，所谓父慈子孝、兄友弟恭、君仁臣忠。夫妻之间呢？夫正妻贞。夫妻和睦，谁讲的对听谁的，谁有德行听谁的，男女有别，各有分工。物以类聚，人以群分，贪赃枉法的人，结交的也是贪赃枉法的人，与洁身自好的人格格不入，话不投机半句多；对上级曲意逢迎的人，难免如此设想自己的下属也是虚情假意，对于耿介之士来说，只好炒老板的鱿鱼。这些道理，也就是后面所说的“同志相得”、“同声相应、同气相感、同类相依”。

“危国无贤人，乱政无善人”，这个太沉痛了，国家处于危亡、危险的境地当中，要么贤人早就走了，要么贤人隐匿了，要么在那种危急的情况下，人性里最糟糕的一面全显露出来，贤良的一面全都隐藏。所以“主明则下安”，就是《黄帝内经》里面讲的，极端极端重要！做领导人的，从国家来讲是天子，从单位来讲是一把手，你看看采取什么样的政策，如果你心正，那单位风气就正；如果你不正，单位里面所有的人，都受着危险的威胁。如果正道直行的话，他活不下去，他只能采取人性黑暗的那一面跟你周旋，那将来会被一锅端的。

商纣王囚微子、杀比干、流箕子，这些商代的贤人离去，商代王朝的大厦就成了危房，崩倒坍塌就只是时间问题。老子看到周朝的气数衰败，无力回天，就飘然出关，不知所踪。

“乱政无善人”，某个省的省委书记出事儿，我就听到这个省里面一个市的一个领导说过，他太害人了，在一个省里面省委书记代表党啊，他要采取的措施，那谁能挡得住啊？他要出问题那底下不是一批干部就都出问题吗？所以中华人民共和国成立以来，没有过这种案子，几百人受牵连，这就是现实版的“乱政无善人”哪！大家被胁迫着跟着走，没办法。主明则下安！

“爱人深者求贤急，乐得贤者养人厚”，像周文王求贤若渴，最后梦中飞熊入梦，然后醒来就问，散宜生告诉他，恭喜您，要有大贤来帮助您了。按照方位找，渭水之边，看一白胡子老头，在那儿钓鱼，一看，钓鱼还唱歌，鱼钩还是直的，这人多无聊，不是钓鱼与鳖，专钓王与侯。然后文王就“上钩”了。文王是大贤大圣啊，是《易经》大师啊，他什么不懂？但是仍然求贤若渴。这对我们领导人不是一个启示吗？大师级的人物仍然要求贤若渴，请人帮忙，那我们呢？是不是应该谦虚谨慎、戒骄戒躁？民间传说，姜子牙对文王说，你用车拉我走多少步，我就保你江山多少年，文王年纪大了，走了八百步，所以周朝延绵了八百年。传说归传说，姑妄言之，姑妄听之，他算得那么准啊？其实是文王的祖德和天下人的气数共同决定的。至诚者可以前知，不是他给你规定了八百年，是他看你的德行和诚心深厚，与其数相应。所以这样的事情不可迷信。

“乐得贤者养人厚”，求贤若渴，来了以后，好好地对待。为啥“养人厚”呢？礼数如此，德才相应。给你好房子，绿水青山，倚山傍海，泰山脚下，给你安家费两百万，所以人们会努力成为一名贤者。当西汉初立，战功赫赫的曹参在齐地为相，为了治理称善，四处打听何处有贤者可供求教，最后找到胶西道家隐士盖公，老人授以道家治国之要旨：“治道之要，与民休息，贵在不扰”，曹参把自己的丞相府邸腾出来供养盖公，依法治理齐地，九年齐地大治，人称曹参为“贤相”，并在萧何去世后，接任中央政府的丞相，创造了“萧规曹随”的安定局面。他对盖公的尊敬与供养，正是“乐得贤者养人厚”的典型，也可以归为“用师者王”一类，因为在古代如果不是皇家天子，能够官居丞相就是为臣之极了。

“国将霸者士皆归”，举20世纪的一个例子，二战期间，上千名全世界的科学家逃难到美国，包括爱因斯坦，然后促成了美国科技基础研究领先全世界。怎么形成的？有人哪！爱因斯坦一到美国，据说当时的整个世界科学界就知道物理学的教皇去了美国，所以跟着就去了一大批。有事业先要找人，文王就是这么做的嘛，刘备也是这么做的嘛，他要想做成大事，他就要找一个合适的人来帮助辅佐自己，这都是聪明的领导人。

那中国的兴盛，新中国成立初期，一大批在国外留学的人从英国、从美国回国，为新中国的建设立下不朽的功勋。钱学森回国的时候很难哪，周总理都亲自过问。美国的一个将军就说，我宁可毙了他，也不能让他回中国，说钱学森在哪里都能抵得上七个师。钱学森回来不对中国的“两弹一星”事业起到了奠基性的作用嘛！所以国家兴盛先要有人，企业兴盛先要有人，家里兴盛要有人丁。今天的中国慢慢地很多人都会来，像清华大学的施一公教授放弃美国普林斯顿的教职，终身教授的教职，回清华任教，这就是个信号。普林斯顿大学大家都知道，连续七年跟哈佛大学并列美国第一，那美国第一就是世界第一。这说明拐点开始了，“国将霸者士皆归”，大家等着就好。不过春寒料峭，离春暖花开、春色满园可能尚需一定的时日。

“邦将亡者贤先避”，国内的大贤纷纷离开，就麻烦了。前面说过了，危国无贤人，高人不等大乱早就离开了。对于国家来说，基础研究的关键人才离开不是好事情，但是演员离开我觉得无关紧要。

“地薄者大物不产”，这很简单了，土地肥厚的时候长成参天大树，就是地气旺盛。小时候，我妈妈告诉我“母大子就肥”，这句话听来就觉得特别好玩儿，就告诉我这个“人法地，地法天，天法道，道法自然”，母亲就跟大地一样，她孕育孩子就跟大地长庄稼长植物是一个道理。德厚就出高才、圣贤，祖德深厚就有贤良子孙投入这个家里面，一个道理。孔子后人，孟子后人，范仲淹后人，都是代有人才，生生不息。厚德载物，《易经》为什么伟大？这一句话说清楚。您要是觉得自己不行，积德吧；觉得自己缺，积德吧；“德者得也”，“人之所得，使万物各得其所欲”。

“水浅者大鱼不游”，那还用说吗，搁浅了还游什么游？那鲸鱼一定是在深海里面的。龙非池中之物，凤非笼中之鸟。但一个人的功业积累到特定程度，一定会发生“良禽择木而栖”的现象。

“树秃者大禽不栖”，栖息，光秃秃的，谁能落到那里？你要想引凤凰来，先种梧桐树。

“林疏者大兽不居”，藏不下呀，被猎人就看到了嘛，这四句话说的是什么？深厚，厚德载物，心胸宽广。

以上四句话，说的是同一道理，讲的是圆满匹配的道理，相应的道理。

“山峭者崩，泽满者溢”，过于尖的东西就很容易折，就这道理。“泽满者溢”，自满就会往外溢，自满的人动不动就说自己那点儿事。比如说，有人动不动就提什么中国传统经济学的事情（笑）。

“弃玉取石者盲”，什么是玉、什么是石看不清楚，那不是慧眼不开嘛！到底什么是宝贝？经书是宝贝，圣贤是宝贝。“能说不能行，国之师也；能说又能行，国之宝也。”我们的国宝想要拍一个彩色照片儿不可得，大熊猫嘛，永远是黑白照片。但是真正的国宝就是一种动物吗？不是啊！经典是国宝，文化是国宝，掌握经典文化的活人更是国宝。人人是国宝，则国家必定是世界第一等强国。如果认为熊猫是国宝，而歼–20的设计者、北斗定位系统的设计者、量子计算机的设计者，却不被重视，那才是“弃玉取石者盲”，心眼迷蒙，慧眼遮盖。

“羊质虎皮者柔”，你的品质内心像羊那样温驯，还披着虎皮，外面好像是很凶猛，所以这种人“柔”。光柔没有刚不能成事，就是挺不起来，扶起来，还会瘫下去，所以孔夫子讲“刚柔相济”。我们人就是刚柔相济的，骨头是硬的，肉、皮、筋是柔软的。要想让筋柔软，应该努力使什么软呢？脾气。因为《黄帝内经》上教我们，谁管着筋？肝。脾气硬，肝就硬；肝硬化，离肝癌不远了；那你柔和对人，不发脾气，不酗酒，常常有仁心，就养肝，仁能养肝戒怒杀，肝养好，筋就柔和。筋长一寸，寿增十年，所以筋长，寿就长；息长，寿就长；舌长，寿就长。还有什么长？道长。道长，命就长。

“衣不举领者倒”，提纲挈领，从衣领一提溜，这件衣服褂子就起来了，所以抓主要的，纲举目张。《大学》里面说，“知所先后，则近道矣”。优先抓住主要环节，才能长盛不衰。

“走不视地者颠”，走路的时候看天往前走，前面是坑是包不知道，就颠倒了，太简单了。但实际上什么意思？人生路往前行，是不是你的道？明没明道？往哪儿走？要观察清楚，我观自在。有些人实际上不清楚自己在走什么道，自己过得糊涂，过一天将就一天，将就一天算一天。

“柱弱者屋坏，辅弱者国倾”，古代的建筑全都是木料，这个柱子如果被虫子嗑了或者说年久失修，它已经糠了、糟了，立木顶千斤，那现在顶不了了，这屋就坏了。这是《诗经》的传统，比类取象，拿屋比国家，这个要懂。我们管一个企业，你就把这件事情比作企业，管一个学校你就比作一个学校，管一个单位就比作一个单位。“辅弱者国倾”，辅助你的顶梁柱、骨干被削弱了，那这件事情想要强大、想要弘扬、想要发展，不太容易。要有良相，国家才能兴，还是求人的问题。

“足寒伤心，人怨伤国”，我们自己的这个人体，手心它为什么叫心？是因为手心的温度是心脏的温度，脚心是小肠的温度，小肠和心，阴阳表里是一对儿。小肠是分析营养物质供给全身的，小肠的温度很高，看《黄帝内经》里的内经图，小肠那个地方画的是一个炉子，大家注意到了吗？它这个炉子的作用就是温度高，温化了我们下部的其他零件，什么大肠、膀胱、附件都在那个地方。它一温化，蒸腾水汽，膀胱里面的水、营养物质，清气化成精微的水汽涵养我们的五脏；浊气往下去，当这个浊气、浊水大约达到400毫升的时候向大脑报告该去WC了。所以如果这个温度要低了的话，就说明心脏的温度已经不够了。因为心火在上面，我们分析过那个病就知道嘛，君火通过肺的呼吸疏降，像一个气管压下来，压到底下，入坎水，水火相交，然后蒸腾水汽，是这样来的。就使我们全身的体温是均匀的，但是局部地方好像是挺高的，里面是热乎的，就是这个热，温化了全身的气血运行，所以手心、脚心的温度应该是一样的。健康人在冬天脚伸到被子外也不会觉得寒凉，不过是指在温度正常的情况下才能这样。脚是第二心脏，有这种说法，因为小肠的温度辐射到脚底下去，它跟心又是相通的，所以这样联系起来。

现在的年轻人学习什么韩流，非得把脚脖子、踝关节露出来，寒气入体，伤及什么？伤及附件、膝盖，长时间来讲心脏也会受伤。那么会导致宫寒，想要孩子困难，要不上，每个月例假那几天痛，因为寒气存内，阳气不通，不能温化，十分遭罪。遭罪是怎么招来的？不明理招来的。受的寒气，年轻的时候还好，三十五岁以后会加重。寒气入体，请神容易送神难哪，你想让它出去，它那么听你话，说出去就出去？你自己把裤脚剐开的，不穿袜子，自己让寒气进来的。那种穿法可不可以呢？可以，伏天以后。入伏了才能入水，我们秦皇岛跟大连都有海，老人告诉我们说入伏以后才能下海，它不伤人。所以不听老人言，吃亏在眼前。

“足寒伤心”，这还是《诗经》赋、比、兴的手法，说的是什么意思？“人怨伤国”，人在底下，人受伤了，人受寒，就说明国家要受伤。所以先谈一件物象的事情，再谈抽象的事情。“足寒伤心，人怨伤国”，那老百姓要民怨沸腾的话，那还得了吗？水能载舟，亦能覆舟。

“山将崩者下先隳”，底下先酥了，像饼干似的，基础不牢了那不就堆下来？将崩了。“国将衰者人先弊”，老夫子说入乡随俗，入其国观其教，你就看普通人他们的生活、他们的表情怎么样，你就能看得出来这个国家是将兴还是将衰。整个国家的国土之上，大面积地都在复兴中华优秀传统文化，那么多的人或者说越来越多的人在学习中华优秀传统文化，不就是国家将兴的征兆吗？

“根枯枝朽，人困国残”，这几句话论述的都是普通的民众跟国家之间的关系，不要小看我们自己，十四亿分之一，你觉得小数点一省略变成零，没有了。每一个人都是一个世界，一花一世界，天人合一。每一个人都可以改变这个世界，途径就是改变自己，就改变了这个世界。

“与覆车同轨者倾，与亡国同事者灭”，覆车就是翻了的车，它都翻了你还照它的轨迹去跑，那你也照样接着翻。在高速公路上看一看，你照着前面那个翻车的那个轨迹跑，那不是翻，就是碰上。“与亡国同事者灭”，这好像理所当然，前面的都“亡国”了，你跟谁同事不好，跟他同事，那不跟着亡国吗？反过来，与兴国者同事，怎么样？发达呀！所以你就找，看谁家积德厚，了解他祖上为人特别好，赶紧跟他的儿孙交朋友，这就是“术”啦！你说不了解祖上，看面相，你看谁的面相是积德厚的面相，赶紧跟他交朋友。你说怎么看面相？跟大家讲，霍家为什么娶郭晶晶为这一代人的长媳？看面相，郭晶晶绝对是旺夫之相，就是那种脸型，丰隆饱满。

我去清华大学，他们博士后联合会的秘书长把纪念品送给我，留下一张照片，有时候我就告诉听众，我说没结婚的年轻小伙子就照这种脸型找自己的爱人，找自己的夫人太太，就会旺夫旺家。还有一位更明显的，全国人民都知道的，唱过《在希望的田野上》，那个面相是真好啊，所谓的天庭饱满、地阁方圆。礼乐教化在古代是天下大事，复兴周礼古乐是孔子的梦想，现在看来大有希望。她作为领导人的夫人，本身是一位顶级的艺术家，这不是国之将兴之兆嘛！

“见已生者慎将生，恶其迹者须避之”，你自己有办法、有想法生出来，要观察它的善恶，观察它的影响，要谨慎。对自己一定要严，要谨慎，要不控制的话，欲望之水决堤，那就是古代所说的洪水滔天，须要女娲来治理，要节制自己的欲望。这句话还有另一个版本，“见已失者慎将失”，相当于反过来说，吸取教训的意思，别人已经失去了，那么自己要提前吸取教训，避免同类事情再一次发生。“恶其迹者须避之”，你不喜欢他的做法，道不同不相为谋，我们既然说同道，那你走的要是正道。怎么区分？你看他对经典的态度，看他对圣贤的态度，看他对父母长辈的态度，对师长的态度就检验出来，是不是可以交朋友就知道，是不是可以深交就知道。

“畏危者安，畏亡者存”，这就是孟子所说的“生于忧患，死于安乐”，提前做准备。怕危险，所以防范危险，所以“安”；怕亡国，怕失败，所以采取措施消除于萌芽之中，才能够生存，所以“存”。以经解经的话，就想一想老子说的“为之于未有，治之于未乱”；再往前想一想《黄帝内经》所说的，“圣人不治已病治未病，不治已乱治未乱”。真是圣人所见相同。

“夫人之所行”，做总结了，要注意啊！“有道则吉，无道则凶。”是不是就这两条路？没有别的。看《易经》，所谓《易经》卦象好像很神秘，无非就是吉凶悔吝，这一动是吉是凶，《易经》的智慧就是为君子趋吉避凶的。什么智慧？干什么用？就是做这个用的。

“吉者，百福所归”，你心里面想的是为人民服务，为天下担当，为天下弘扬正气，为百世做榜样，那不只百福，千福万福都来。像古代的女人往下一蹲：先生万福。那是祝你万福。真正要想获得万福，必须自己积福，才能万福汇集。

“凶者，百祸所攻”，何止是祸不单行，百祸所攻，明白吧？没有一样会对你好的，到哪儿都不顺心。所以有些人说喝口凉水都塞牙，你要做不好了，凉水也讨厌你。什么原因呢？“非其神圣，自然所钟”，道法自然，没有人指挥，同气相感，这个物本身就是这样。

由寿命得出的结论

讲到这里，突然出现了“神圣”这么一个话题。那么给大家说说《黄帝内经》里面的表达。“黄帝曰：‘何者为神？’岐伯曰：‘血气已和，营卫已通，五脏已成，神气舍心，魂魄毕具，乃成为人。’”有一股气，这股气还有智慧，以你的心房为舍，住进去了，藏在里面。大家要注意！心室、心房里面是空的，心神驻扎在里面，现代人不理解。可是换心脏手术成功的人，人们会发现这个人变了，变成什么样了？变成原来拥有这个心脏那个人的性格，能理解吧？《黄帝内经》不骗人哪！我们这个灵魂以为在大脑里面，其实是心脑共同工作的，才有我们现在的这个性格，你能区分得开。心脏一换，人就变了。“魂魄毕具，乃成为人。”人怎么来的？《黄帝内经》上告诉我们了，而且黄帝问的是“何者为神”？岐伯这样回答的，“乃成为人”。神和人是两个吗？一个。“神莫神于至诚”啊，只有人才能“诚之者”为人道。

所以《黄帝内经》、《中庸》、《素书》合参，以经解经，一以贯通。广成子，黄帝的老师，传说活了一千两百岁，在崆峒山下留了两个升天时的大脚印，好信儿者可以去查一查，拍张照片。

上古天子都是有道高人，大家看一下这个寿数，这是我仔细查各种书籍记录下来的。

伏羲，在位一百一十一年，他就算三岁的孩童继位，也活了一百一十多岁。

女娲，没找着具体年龄，估计是一百多岁，因为历史一直流传女娲炼石补天，说明她一定是有道真人，除非她愿意早走，否则不可能低于一百岁。

炎帝，在位一百二十年而崩，注意是“在位”一百二十年，葬长沙。历史书中存在许多漏洞，例如《史记·五帝本纪》中说炎帝其实就是神农氏，神农氏传了八代，因为气数衰落，不能掌控天下诸侯，彼此间征伐不断，侵凌百姓，黄帝修德振兵才消弭了战乱。随后炎帝和黄帝又为天子位进行了三大战役，黄帝得胜。可是有的资料居然说黄帝是炎帝的儿子，和“少典之子”的说法不符。到底如何，我们还需要探索研究。

黄帝，一百一十九岁，“成而登天”，据说登天时的脚印还在。不过这个记载似乎比较准确，几乎所有资料都一致。

少昊，在位八十四年。他不是《史记·五帝本纪》中的天子，各种传说显示也是一位伟大的修行者和领导人。

颛顼，也就是黄帝的孙子，国号“高阳”，在位七十八年。

帝喾，黄帝的曾孙，国号“高辛”，在位七十年。

帝尧，黄帝的第五代孙，这大家都很清楚了，耳熟能详。尧字旁边加上一个日，是什么字？晓，什么意思？天亮了。我们中华传统自古就把杰出的领导人比作太阳，“东方红太阳升，中国出了个毛泽东”。你看汉字就知道，尧在中华历史上是一个什么样的地位，拂晓的晓，尧加上一个太阳，就表示天亮了。所以《皇极经世》里面说，华夏文明的“正午”就是尧那个时期，就是邵康节的《皇极经世》里面说的。他看待世界用“元会运世”四个时间单位，不是我们所说的什么年、月、日、时。

舜，摄政二十八年后崩，帝王舜整整活一百岁。舜的这个年纪正好一百，很确切，就在《史记》里记载。

大家想一下按照西方的史观，所有的这些人（甚至有人说他们都不是人，是神话传说里面的这些上古天子）为什么能活这么长？西方史观给我们的概念，那是中国原始社会的时候，极端野蛮落后，茹毛饮血，请问怎么那么长寿呢？什么道理？数学上有反证法，那就说明他们强加给我们的原始社会概念、定性的判断，错了。

中华史观，中国的历史，要恢复，要自己来写，传给子孙。孔子说“仁者寿”，那么根据《论语》上的概念，人如果“里仁为美”，则寿数绵长；国家若仁政施行，则国运绵长。总书记讲“人民对美好生活的向往，就是我们的奋斗目标”，这一句话就是天良，这一句话就是这个国家良心的表现，就是仁政的核心，就是核心价值观生发的理念，那就意味着国运绵长，是天人合一之道。

例证，周朝诸子的寿数，我们通常说春秋诸子百家，这里面也包括战国的。

管子，七十九岁，不算短寿了。

晏子，一种说法九十六岁，一种说法七十八岁。

老子，多少年不知道，最短的一个寿数一百六十岁。

孔子，七十三岁。

孟子，八十四岁。

所以民间传说七十三岁、八十四岁是坎儿，我说不是坎儿，是因为觉得活过圣人就不容易了。但孔子是破了天年之数，他父亲七十岁的时候有这个孩子，早已经过了《黄帝内经》所说的八八六十四可以有孩子的年纪。所以这是一个天生异人，身高一米九一多，山东大汉，十五岁有志于学，十七岁有圣人之名，所以孔子是大修行人，至圣。

孙子，七十六岁。

墨子，很了不起，大约九十八岁。

庄子，八十四岁。

荀子，七十六岁。

韩非子，四十八岁。他是因为秦始皇重视他的才能，李斯嫉妒他，下狱，用毒酒药死，所以嫉妒产生的后果有多么可怕！

以上说明春秋时期这些大思想家、大修行人寿数都很长。唐代杜甫写诗说“人生七十古来稀”，观念是错误的，“古来七十很不稀”。那为什么后世越活越短？包括北宋诸子只有一两个人活过七十岁，其他人都五六十岁？我就下了一个断言：中华文化传到宋代传偏了，诸子要负责任。因为学者跟官员在这个社会五行上居南方属火，你要教天下人明理，没给天下人讲清楚、讲明白，那就短寿。这一点如果说错了我负责（掌声）。

因为我觉得十万大宋子民跟着小皇帝跳海就不正确，有死之心为什么不战斗？十万子民抛开一半是女人，有五万男人为什么不战斗？老人小孩战斗不了，那五万当中有没有三万是二十岁到六十岁的青壮年？为什么不战斗？“嘉定三屠”的时候，做妓女的女人宁可死都不投降，为什么宋代那些人不战斗？所以我就认为北宋诸子短寿有其文化上的原因，没把中华文化的正统精神传对！因为正常大思想家、大修行人都是长寿的。集体短寿，就说明这个时代集体的思想出了问题。我们今天要恢复中华优秀传统文化，要追到唐以前、汉以前，至少到春秋，就是到老子、孔子他们那个时候，去寻求文化的源头。

相同与相生

“务善策者无恶事，无远虑者有近忧”，我们要想得长远，我们要以公心从事善业，这是对自己好的根本方法。

“同志相得，同仁相忧，同恶相党”，古代的党和我们现在说的这个党不是一回事。以下各个“同”都是物以类聚，人以群分的细说。

“同爱相求”，都喜欢这个东西，就会产生追求之心。

“同美相妒”，这还用解释吗？那个嫉妒心可不得了，恨你入骨。

“同智相谋，同贵相害”，同样的为了权力之争，就有可能设计局、设计陷阱。

“同利相忌，同声相应，同气相感，同类相依，同义相亲”，看看我们是不是正方面的相同？反方面的，我们离开不做那种事情。

“同难相济，同道相成”，都是逃难的，容易互相帮助。我们是“同道”，那我们就能够互相帮助，以利“相成”。

“同艺相规，同巧相胜。此乃数之所得，不可与理违。释己而教人者逆，正己而化人者顺。”孔子说：“其身正，不令而行。其身不正，虽令不从”，你对自己要求得宽，要求别人严，别人不听啊！你觉得你家孩子叛逆，那请问你对你自己的父母顺吗？我建议把孝顺的孝字改成微笑的笑，变成“笑顺”，笑着顺，时刻提醒自己“笑”，好的颜色对着自己的父母、长辈，就是从笑容开始，去顺自己的长辈，那么孩子也会转化。

“逆者难从，顺者易行”，那还用说吗？逆水行舟，不进则退；顺风顺水，当然一帆风顺，瞬间，千里而下，“朝辞白帝彩云间，千里江陵一日还”。

“难从则乱，易行则理”，明白了这些道理，无非就是大道至简，非常简单、非常简易。

从心而觅，从心而感，感无不通，觅无不得。以此料理自己的身心，管理自己的国与家，是可以的。谋略一事，本无定法，《孙子兵法》上说：“出其不意，攻其无备”；又说“上兵伐谋”，高明者绝不会轻易亮出底牌。老子在《道德经》中说：“国之利器，不可示于人”，所以我认为《素书》的精华，本在《素书》文字之外，不滞于文字者到此可以会心一笑！

感谢经典流传者，方便善念传播；

感谢经典学习者，为往圣继绝学；

感谢天道践行者，扬善即是培福。

感恩各位的聆听。祝愿中华文化源远流长！祝愿伟大的祖国繁荣昌盛！

自修而后自明

——《素书通解》后记

2017年4月21日至23日，我在秦皇岛市家庭伦理道德研究会和来自全国各地的同仁们一起学习《素书》，很是开心。

之前的某一天，会长王秀芳老师给我打电话，说，大家都喜欢听您讲，问啥时候再来。我一听就明白了，会长抬出“大家”，这就是说，我必须得去讲了——按照刘力红老师的告诫，现在不缺讲的，缺行的，所以我一直对讲怀有戒心——在多如牛毛的讲者当中，你能被“大家”看中，岂不是中奖一样，还不麻溜地赶紧到场，磨叽什么？

王老师告知，这次学员中有许多校长、老师、公务员，甚至是教育局长，您讲什么经典？知道学员大部分是老师和领导后，我就动了讲《素书》的念头。《素书》虽然未必能让人登堂入室，也未必真是黄石公传给张良的秘籍，但它在晋朝以后一直被称作是“读此可以为帝王者师”的经典，做老师和领导的都应该了解一下。孔子因材施教，造就天下人才，开创了中国古代教育的一个巅峰。何人能因材施教？自己明心见性的人。做不到这一点的老师，如果能够通过经典的

“解说”，掌握一些规律性的常识，也能引导自己和学生上道自修，终会自明。

这样，继《黄帝内经》之后，便又在秦皇岛开讲《素书》。《黄帝内经》的讲解，解决的是身心健康；《素书》的讲解，解决的是识人断事、如何为师。《礼记》上说，“记问之学不足以为师”，只有真修、真行、真德才能为师。

“秦皇岛”名字的来历，和秦始皇有关；《素书》的来历，也和秦始皇有关：如果秦始皇不通缉张良，张良就不会逃命，也许就不会遇到圯上老人，就不会得到“一编书”（且不管那一编书到底是《太公兵法》、《奇门遁甲》还是《素书》），就不会改写“大汉”的历史，就不会有刘邦数次神奇地从困境、险境乃至绝境中脱身而出，或许也不会有后世“汉族”、“汉服”、“汉字”、“汉文”等等的称呼。历史，如此耐人寻味！而我在两年中多次准备好了讲《素书》，可是其中北京的机缘不成熟，大连的机缘也不成熟，却最终在秦皇岛一拍即合，一气呵成——现实居然也如此耐人寻味！

不过这其中还有插曲，4月21日上午，大连市委的一位同志给我发来信息：“为深入贯彻习近平总书记关于建设产业结构优化先导区和经济社会发展先行区的重要指示精神，进一步明确大连城市长期目标、中期目标、发展蓝图构想，市委定于4月22日上午8:30在市委常委会议室，召开大连发展座谈会”，时任市委书记、副书记和常务副市长等领导都到会听取专家意见建议，“特邀请您参加”。如果我因“盛情难却”去参加会议，显然这次《素书》又讲不成了，还会让全国各地的众多同仁白跑一趟秦皇岛。我在确认我不去参加这个会议不会导致我被停发工资后表示：实在抱歉，我在三个月前已经定下了去秦皇岛讲

自修而后自明

——《素书通解》后记

2017年4月21日至23日，我在秦皇岛市家庭伦理道德研究会和来自全国各地的同仁们一起学习《素书》，很是开心。

之前的某一天，会长王秀芳老师给我打电话，说，大家都喜欢听您讲，问啥时候再来。我一听就明白了，会长抬出“大家”，这就是说，我必须得去讲了——按照刘力红老师的告诫，现在不缺讲的，缺行的，所以我一直对讲怀有戒心——在多如牛毛的讲者当中，你能被“大家”看中，岂不是中奖一样，还不麻溜地赶紧到场，磨叽什么？

王老师告知，这次学员中有许多校长、老师、公务员，甚至是教育局长，您讲什么经典？知道学员大部分是老师和领导后，我就动了讲《素书》的念头。《素书》虽然未必能让人登堂入室，也未必真是黄石公传给张良的秘籍，但它在晋朝以后一直被称作是“读此可以为帝王者师”的经典，做老师和领导的都应该了解一下。孔子因材施教，造就天下人才，开创了中国古代教育的一个巅峰。何人能因材施教？自己明心见性的人。做不到这一点的老师，如果能够通过经典的

“解说”，掌握一些规律性的常识，也能引导自己和学生上道自修，终会自明。

这样，继《黄帝内经》之后，便又在秦皇岛开讲《素书》。《黄帝内经》的讲解，解决的是身心健康；《素书》的讲解，解决的是识人断事、如何为师。《礼记》上说，“记问之学不足以为师”，只有真修、真行、真德才能为师。

“秦皇岛”名字的来历，和秦始皇有关；《素书》的来历，也和秦始皇有关：如果秦始皇不通缉张良，张良就不会逃命，也许就不会遇到圯上老人，就不会得到“一编书”（且不管那一编书到底是《太公兵法》、《奇门遁甲》还是《素书》），就不会改写“大汉”的历史，就不会有刘邦数次神奇地从困境、险境乃至绝境中脱身而出，或许也不会有后世“汉族”、“汉服”、“汉字”、“汉文”等等的称呼。历史，如此耐人寻味！而我在两年中多次准备好了讲《素书》，可是其中北京的机缘不成熟，大连的机缘也不成熟，却最终在秦皇岛一拍即合，一气呵成——现实居然也如此耐人寻味！

不过这其中还有插曲，4月21日上午，大连市委的一位同志给我发来信息：“为深入贯彻习近平总书记关于建设产业结构优化先导区和经济社会发展先行区的重要指示精神，进一步明确大连城市长期目标、中期目标、发展蓝图构想，市委定于4月22日上午8:30在市委常委会议室，召开大连发展座谈会”，时任市委书记、副书记和常务副市长等领导都到会听取专家意见建议，“特邀请您参加”。如果我因“盛情难却”去参加会议，显然这次《素书》又讲不成了，还会让全国各地的众多同仁白跑一趟秦皇岛。我在确认我不去参加这个会议不会导致我被停发工资后表示：实在抱歉，我在三个月前已经定下了去秦皇岛讲